施工禁忌系列丛书

砌体工程施工禁忌

上官子昌　王　斌　主编

中国建筑工业出版社

图书在版编目(CIP)数据

砌体工程施工禁忌/上官子昌等主编. 一北京：
中国建筑工业出版社,2011. 10
(施工禁忌系列丛书)
ISBN 978-7-112-13565-3

Ⅰ. ① 砌… Ⅱ. ① 上… Ⅲ. ① 砌块结构-工程施工
Ⅳ. ① TU754

中国版本图书馆CIP数据核字(2011)第188064号

施工禁忌系列丛书
砌体工程施工禁忌
上官子昌　王　斌　主编

*

中国建筑工业出版社出版、发行（北京西郊百万庄）
各地新华书店、建筑书店经销
北京千辰公司制版
北京云浩印刷有限责任公司印刷

*

开本：787×1092 毫米　1/32　印张：4⅞　字数：114 千字
2011 年 11 月第一版　　2011 年 11 月第一次印刷
定价：**16.00** 元
ISBN 978-7-112-13565-3
(21344)

本书是《施工禁忌系列丛书》的一本，主要包括砌筑砂浆、砖砌体工程、混凝土小型空心砌块砌体工程、石砌体工程、配筋砌体工程、填充墙砌体工程以及砌体工程冬期施工等内容。本书编写体例摒弃了以往人们习惯的从正面叙述的常规模式，以“亮红灯”的警示方式指出砌体工程各项施工中的“禁忌”。每条“禁忌”构成一个独立的内容，针对性、系统性强，并具有实际的可操作性。在编写方式上力求做到简明扼要、通俗易懂、概念清楚、实用性强，便于读者理解和应用。可供砌体工程施工人员参考使用。

* * *

责任编辑：刘　江　岳建光
责任设计：赵明霞
责任校对：肖　剑　赵　颖

《砌体工程施工禁忌》编写人员

主编 上官子昌　王　斌

编委 （按姓氏笔画排序）

王　霞　白雅君　宁惠娟　朱永新

刘文生　孙　钢　李冠军　杨俊贤

吴善喜　袁旭东　陶金文　彭海军

前　　言

砌体工程是建筑主体的重要组成部分，其使用面广，能耗大。近几年来，随着我国建筑业的飞速发展，一些新技术、新材料、新工艺不断涌现，如能在建筑工程施工中做到技术先进、经济合理、确保质量地快速施工，将对我国的现代化建设事业具有重要的意义。为适应砌体工程建设的发展，需要不断地提升行业的整体素质，杜绝违规做法，确保工程施工质量和施工安全，因此，我们根据国家最新颁布实施的砌体工程各相关规范、规程及行业标准，结合实践工作经验，编写了这本《砌体工程施工禁忌》。

本书主要包括砌筑砂浆、砖砌体工程、混凝土小型空心砌块砌体工程、石砌体工程、配筋砌体工程、填充墙砌体工程以及砌体工程冬期施工等内容。

本书编写体例摒弃了以往人们习惯的从正面叙述的常规模式，以“亮红灯”的警示方式指出砌体工程各项施工中的“禁忌”，给读者耳目一新的感受，使读者印象深刻、易于接受、乐意研读，于警示中领会、掌握各项施工技术的要领。每条“禁忌”构成一个独立的内容，针对性、系统性强，并具有实际的可操作性。在编写方式上力求做到简明扼要、通俗易懂、概念清楚、实用性强，便于读者理解和应用。

由于编写时间仓促，编写经验、理论水平有限，难免有疏漏、不足之处，敬请读者批评指正。

目　录

第1章　砌筑砂浆

【禁忌1】砂浆强度不稳定

【分析】

砂浆强度的波动性较大，匀质性差，其中低强度等级的砂浆特别严重，强度低于设计要求的情况较多。

原因分析如下：

1. 计量不准确是影响砂浆强度的主要因素。对砂浆的配合比，多数工地使用体积比，凭经验计量。由于砂子含水率的变化，使砂子的体积变化幅度达到10%～20%；而水泥密度随工人操作情况而异，这些都造成配料计量的偏差，使砂浆强度产生较大的波动。

2. 水泥混合砂浆中无机掺合料（如黏土膏、石灰膏、电石膏及粉煤灰等）的掺量，对砂浆强度影响很大，随着掺量的增加，砂浆和易性越好，但强度会降低，如果超过规定用量的一倍，砂浆强度约降低40%。但施工时往往片面追求和易性是否良好，无机掺合料的掺量常常超过规定用量，因此降低了砂浆的强度。

3. 无机掺合料材质不佳，如石灰膏中含有较多的灰渣，或运至现场保管不当，发生干燥、结硬等情况，使砂浆中含有较多的软弱颗粒，降低了强度。或者在确定配合比时，用黏土膏、石灰膏试配，而实际施工时却采用干黏土或干石灰，这不但对砂浆的抗压强度有影响，而且对砌体抗剪强度非常不利。

4. 砂浆搅拌不匀，人工拌合翻拌次数不够，机械搅拌加料顺序颠倒，使无机掺合料未散开，砂浆中含有大量的疙瘩，水泥分布不均匀，对砂浆的匀质性及和易性有影响。

5. 在水泥砂浆中掺加微沫剂（微沫砂浆），由于管理不当，微沫剂超过规定掺用量，或微沫剂质量不好，甚至变质，严重地降低了砂浆的强度。

6. 砂浆试块的制作、养护方法和强度取值等，不符合规范的统一标准，致使测定的砂浆强度缺乏代表性，造成砂浆强度的混乱。

【措施】

1. 砂浆配合比的确定，应结合现场材质情况进行试配，试配时应采用重量比。在满足砂浆和易性的条件下，控制砂浆强度。如低强度等级砂浆受单方水泥预算用量的限制而不能达到设计要求的强度时，应适当调整水泥预算用量。

2. 建立施工计量器具校验、维修、保管制度，以保证计量的准确性。

3. 无机掺合料一般为湿料，计量称重比较困难，而其计量误差对砂浆强度影响很大，因此应严格控制。计量时，应以标准稠度（120mm）为准，如供应的无机掺合料的稠度小于120mm时，应调成标准稠度，或者进行折算后称重计量，计量误差应控制在±5%以内。

4. 施工中，不得为改善砂浆的和易性而随意增加石灰膏、微沫剂的掺量。

5. 砂浆搅拌加料顺序为：用砂浆搅拌机搅拌应分两次投料，先加入部分砂子、水和全部塑化材料，通过搅拌叶片和砂子搓动，将塑化材料打开至不见疙瘩为止，再投入其余的砂子和全部水泥。用鼓式混凝土搅拌机拌制砂浆，应配备一台抹灰用麻刀机，先将塑化材料搅成稀粥状，再投入搅拌机内搅拌。人工搅拌应有拌灰池，先在池内放水，并将塑化材料打开至不见疙瘩，另在池边干拌水泥和砂子至颜色均匀时，将拌好的水泥砂子用铁锨均匀撒入池内，同时用三齿铁耙来回耙动，直至拌合均匀。

6. 试块的制作、养护和抗压强度取值，应按《建筑砂浆基本性能试验方法标准》(JGJ/T 70—2009) 的规定执行。

【禁忌2】砂浆和易性差，沉底结硬

【分析】

1. 强度等级低的水泥砂浆由于采用高强度等级水泥和过细的砂子，使砂子颗粒间起润滑作用的胶结材料——水泥量减少，因此砂子间的摩擦力较大，砂浆和易性较差。砌筑时，很难将灰缝压薄。而且，由于砂粒之间缺乏足够的胶结材料起悬浮支托作用，砂浆容易产生沉淀和出现表面泛水现象。

2. 水泥混合砂浆中掺入的石灰膏等塑化材料质量差，含有较多灰渣、杂物，或因保存不好发生干燥和污染，不能起到改善砂浆和易性的作用。

3. 砂浆搅拌时间短，拌合不均匀。

4. 拌好的砂浆存放时间过久，或灰槽中的砂浆长时间不清理，使砂浆沉底结硬。

5. 拌制砂浆没有计划，在规定时间内无法用完，而将剩余砂浆捣碎加水拌合后继续使用。

【措施】

1. 低强度等级砂浆应采用水泥混合砂浆，如果确有困难，可掺微沫剂或掺水泥用量5% ~10%的粉煤灰，以达到改善砂浆和易性的目的。

2. 水泥混合砂浆中的塑化材料，应符合试验室试配时的质量要求。现场的黏土膏、石灰膏等，应在池中妥善保管，以免暴晒、风干结硬，并经常浇水保持湿润。

3. 宜采用强度等级较低的水泥和中砂拌制砂浆。拌制时应严格执行施工配合比，并保证搅拌时间。

4. 灰槽中的砂浆，使用中应经常用铲翻拌、清底，并将灰槽内边角处的砂浆刮净，堆在一侧继续使用，或与新拌砂浆混在一起使用。

5. 拌制砂浆应有计划性，拌制量应根据砌筑需要来确定，尽可能做到随拌随用、少量储存，使灰槽中经常有新拌的砂浆。砂浆的使用时间与砂浆品种、气温条件等有关，一般气温条件下，水泥砂浆和水泥混合砂浆应分别在3h和4h内使用完毕；当施工期间最高气温超过30℃时，应分别在拌成后2h和3h内使用完毕。超过上述时间的多余砂浆，不得再继续使用。

【禁忌3】拌制砂浆时，不同品种的水泥混合使用

【分析】

不同品种的水泥的成分、特性和用途有所不同，不同品种的水泥混合使用，会发生材性变化、强度降低等现象，甚至发生质量事故。

【措施】

1. 不同品种的水泥，不得混合使用。

2. 加强现场水泥的管理。水泥仓库内的水泥应按品种、强度等级、批号和出厂日期等分别堆放整齐，并附有标识，

还需标明“待检”、“已检”以及“合格”或“不合格”。

【禁忌4】采用未充分熟化的石灰膏或脱水硬化的石灰膏、消石灰粉拌制水泥混合砂浆

【分析】

1. 未充分熟化的石灰，在砂浆、砌体中会继续熟化而膨胀，影响砌体质量。

2. 脱水硬化的石灰膏或消石灰粉在砂浆中起不到塑化作用，从而影响砂浆强度。

【措施】

1. 生石灰熟化成石灰膏时，应用孔径不大于3mm × 3mm的网过滤，熟化时间不得少于7d；磨细生石灰粉的熟化时间不得少于2d。沉淀池中储存的石灰膏，应采取防止干燥、冻结和污染的措施。严禁使用脱水硬化的石灰膏。

2. 生石灰及磨细生石灰粉应符合《建筑生石灰》(JC/T 479—1992)和《建筑生石灰粉》(JC/T 480—1992)的规定。

【禁忌5】砂浆含泥量过大

【分析】

砂中草根等杂物，含泥量、泥块含量、石粉含量过大，不但会降低砌筑砂浆的强度和均匀性，还导致砂浆的收缩值增大，耐久性降低，影响砌体质量。

【措施】

砂浆用砂宜采用过筛中砂，并应满足下列要求：

1. 不应混有草根、树叶、树枝、塑料、煤块、炉渣等杂物。

2. 砂中含泥量、泥块含量、石粉含量、云母、轻物质、有机物、硫化物、硫酸盐及氯盐含量（配筋砌体砌筑用砂）等应符合现行行业标准《普通混凝土用砂、石质量及检验方法标准》JGJ 52 的有关规定。

3. 人工砂、山砂及特细砂，应经试配能满足砌筑砂浆技术条件要求。

【禁忌6】拌制砂浆用水不做试验鉴定

【分析】

如果河水受过污染或水中含有有害物质，将影响水泥的正常凝结，并可能使钢筋锈蚀。

【措施】

1. 拌制砂浆的水应采用不含有害物质的洁净水。有害物质指影响水泥正常凝结的有害杂质、糖类、油脂等。饮用水可拌制砂浆。

2. 水质应符合国家现行标准《混凝土用水标准》(JGJ 63—2006)的规定。

【禁忌7】拌制砂浆时拌制采用体积比

【分析】

试验室开具的砂浆配合比是重量比，如换算成体积比，误差较大，无法保证砂浆质量。

【措施】

1. 现场砂浆的拌制，应根据试验室开具的砂浆配合比采用重量比配料。

2. 水泥、有机塑化剂和冬期施工中掺用的氯盐等的配料准确度应控制在 ±2% 以内；砂、水及石灰膏、黏土膏、粉煤灰、磨细生石灰粉等组分的配料准确度应控制在±5%范围内。

3. 砂应计入其含水量对配料的影响。

【禁忌8】随意取用砂浆配合比

【分析】

随意取用砂浆配合比，会造成砂浆强度不合格或强度偏高。

【措施】

1. 施工前，应将原材料试样和对砂浆配合比的要求送有资质的试验室进行材料检验和配合比的试配。

2. M15及以下强度等级的砌筑砂浆宜选用32.5级的通用硅酸盐水泥或砌筑水泥；M15以上强度等级的砌筑砂浆宜选用42.5级通用硅酸盐水泥。砂宜选用中砂，并应符合现行行业标准《普通混凝土用砂、石质量及检验方法标准》（JGJ 52—2006）的规定，且应全部通过4.75mm的筛孔。

3. 当工地用的原料与试样有变化时，如果试样是中砂，而实际原料是细砂，应立即将细砂送到试验室，请试验室重新确定配合比。

【禁忌9】砂浆强度试块采用自然养护方法

【分析】

自然养护条件的环境温度和湿度随季节变化而变化，这样试块的养护条件就缺乏代表性和统一性。

【措施】

1. 砂浆强度应以标准养护，龄期为28d的试块抗压试验结果为准。标准养护条件：水泥砂浆温度为20±3℃、相对湿度在90%以上；水泥混合砂浆温度为20±3℃、相对湿度为60%~80%。水泥砂浆可以放在水中养护，水泥混合砂浆不能放在水中养护。

2. 如果工地不具备标准养护条件，应将试块送到有标准养护条件的地方养护。

第2章 砖砌体工程

【禁忌1】砌体工程没有材料质量合格证书或复验报告

【分析】

1. 砌体工程所用的材料应有质量合格证书，并应符合设计要求。

2. 砖、石材、砌块、钢材、水泥和外加剂等的质量合格证书是工程质量评定中必须具备的质量保证材料。

【措施】

1. 有复验要求的材料应在复验合格后使用。

2. 哪些材料需要复验，应按各地区的规定执行，一般砖、砌块、钢材、水泥、外加剂、砂和石等需要复验。

3. 当在使用中对水泥质量有怀疑或水泥出厂超过三个月（快硬硅酸盐水泥超过一个月）时，应复查试验，并按其结果使用。

4. 砌体工程所采用的砖和砌块，应符合国家现行标准《烧结普通砖》(GB 5101—2003)、《蒸压灰砂砖》(GB 11945—1999)、《烧结多孔砖》(GB 13544—2000)、《粉煤灰砖》(JC 239—2001)、《普通混凝土小型空心砌块》(GB 8239—1997)、《蒸压加气混凝土砌块》(GB 11968—2006)、《烧结空心砖和空心砌块》(GB 13545—2003) 等的规定。

5. 石材应符合设计要求的岩石种类和强度等级。

【禁忌2】砌体工程基层放线尺寸偏差过大

【分析】

如果放线尺寸超过规定的允许偏差，则会影响建筑或结构的质量。

【措施】

1. 砌筑基础前，应校核放线尺寸，允许偏差应符合表2-1的规定。

放线尺寸的允许偏差 **表2-1**

长度L、宽度B的尺寸（m）	允许偏差（mm）
L（或B）≤30	±5
30<L（或B）≤60	±10
60<L（或B）≤90	±15
L（或B）>90	±20

2. 校核用钢尺应根据计量器具管理规定，按规定进行周期检定，并在检定周期内使用，正确维护和保管，以保证准确度。

【禁忌3】砌体施工不设置皮数杆

【分析】

砌体施工不设置皮数杆，容易导致错皮、错缝、灰缝厚度不均匀、门窗洞口标高以及砌体收顶标高不准等，无法保证砌体的质量。

【措施】

1. 砌体转角处应设立皮数杆，皮数杆间距应为10～15m。

2. 砌体施工，应设置皮数杆，并应根据设计和规范要求，将块材规格、灰缝厚度、门窗洞口标高以及砌体收顶标高等在皮数杆上标明，以保证砌体的质量。

【禁忌4】在墙体中随意设置脚手眼

【分析】

若在墙体中随意设置脚手眼，会影响砌体的整体性、强度和稳定性。

【措施】

不得在下列墙体或部位设置脚手眼：

1. 120mm 厚墙、清水墙、料石墙、独立柱和附墙柱。

2. 过梁上与过梁成60°角的三角形范围及过梁净跨度1/2的高度范围内。

3. 宽度小于1m的窗间墙。

4. 门窗洞口两侧石砌体300mm，其他砌体200mm范围内；转角处石砌体600mm，其他砌体450mm范围内。

5. 梁或梁垫下及其左右500mm范围内。

6. 设计不允许设置脚手眼的部位。

7. 轻质墙体。

8. 夹心复合墙外叶墙。

【禁忌5】砌体临时间断高度和施工洞口的设置不规范

【分析】

砌体临时间断高度和施工洞口部位的封口接槎不好，影响砌体的整体性，有碍砌体质量。

【措施】

1. 在墙上留置临时施工洞口，其侧边离交接处墙面不应小于500mm，洞口净宽度不应超过1m。

2. 抗震设防烈度为9度的地区建筑物的临时施工洞口位置，应会同设计单位确定。

3. 临时施工洞口应做好补砌。

【禁忌6】不及时校核砌体的轴线和标高

【分析】

如果每一楼层不及时进行轴线和标高的校核、校正，导致累计偏差增大，会出现质量问题。

【措施】

1. 砌筑完基础或每一楼层后，应校核砌体的轴线和标高，并将偏差控制在允许偏差范围内。根据国家标准的有关规定，允许偏差为：轴线位置偏移10mm，基础和墙砌体顶面标高±15mm。

2. 在允许偏差范围内，其偏差可在基础顶面或楼面上校正。标高偏差宜通过调整上部灰缝厚度逐步校正。

【禁忌7】砖基础轴线位移

【分析】

砖基础由大放脚砌至室内地坪标高（±0.000）处，其轴线与上部墙体轴线错位。基础轴线位移多发生在住宅工程的内横墙，这将使上层墙体和基础产生偏心受压，影响结构受力性能。

原因分析如下：

1. 基础是将龙门板中线引至基槽内进行摆底砌筑。基础大放脚进行收分（退台）砌筑时，由于收分尺寸很难掌握准确，砌至大放脚顶处，再砌基础直墙部位，容易发生轴线位移。

2. 横墙基础的轴线，一般应在槽边打中心桩，有的工程放线只在山墙处有控制桩，横墙轴线由山墙一端排尺控制，由于基础一般是先砌外纵墙和山墙部位，待砌横墙基础时，基槽中线被封在纵墙基础外侧，无法吊线找中。如果采取隔墙吊中，轴线容易产生更大的偏差。有的槽边中心控制桩，由于堆土、放料或运输小车的碰撞而丢失、移位。

【措施】

1. 在建筑物定位放线时，外墙角处必须设置标志板，如图2-1所示，并有相应的保护措施，以免槽边堆土和进行其他作业时碰撞而发生移动。标志板下设永久性中心桩（打入地面与地面相平，用混凝土将四周封固），标志板拉通线时，应先与中心桩核对。标志板也可在基槽开挖后钉设，以便于机械开挖基槽。

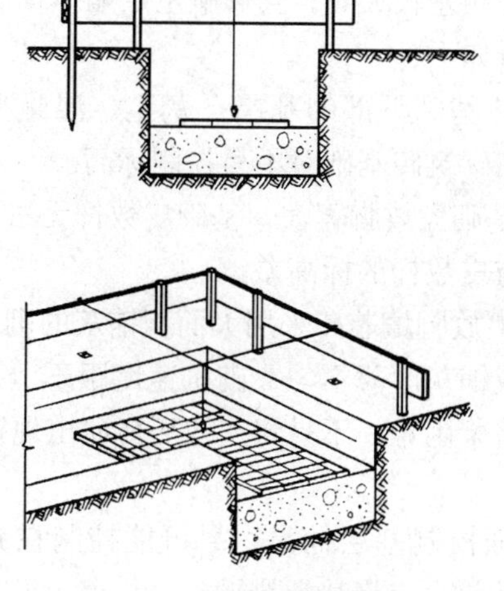

图2-1　外墙角设置标志板

2. 横墙轴线应设置中心桩，不宜采用基槽内排尺方法控制。横墙中心桩应打入与地面相平，为便于排尺和拉中线，中心桩之间不宜堆土和放料，挖槽时应用砖覆盖，以便于清土寻找。在横墙基础拉中线时，为验证中心桩是否有移位情况，可复核相邻轴线距离。

3. 为避免砌筑基础大放脚收分不匀而导致轴线位移，应在基础收分部分砌完后，拉通线重新核对，并以新定出的轴线为准，砌筑基础直墙部分。

4. 根据施工流水分段砌筑的基础，应在分段处设置标志板。

【禁忌8】砖基础标高相差较大

【分析】

基础砌至室内地坪（±0.000）处，标高不在同一水平面。基础标高相差较大时，会影响上层墙体标高的控制。

原因分析如下：

1. 由于砖基础下部的基层（灰土、混凝土）标高偏差较大，因此在砌筑砖基础时不易控制标高。

2. 由于基础大放脚宽大，基础皮数杆无法贴近，很难察觉所砌砖层与皮数杆的标高差。

3. 基础大放脚填芯砖采用大面积铺灰的砌筑方法，由于铺灰面太长或铺灰厚薄不匀，砌筑速度跟不上，砂浆由于停歇时间过久挤浆困难，不易将灰缝压薄而出现冒高现象。

【措施】

1. 应加强控制基层标高，尽可能控制在允许负偏差之内。砌筑基础前，应将基土垫平。

2. 基础皮数杆可采用小断面（20mm×20mm）方木或钢筋制作，使用时，直接将皮数杆夹砌在基础中心位置。采用基础外侧立皮数杆检查标高时，应配以水准尺校对水平，如图2-2所示。

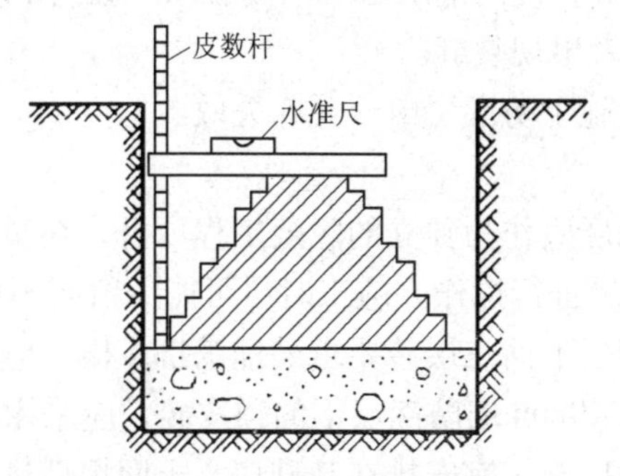

图2-2 水准尺校对水平情况

3. 砌筑宽大基础大放脚，应采取双面挂线保持横向水平，砌筑填芯砖应采取小面积铺灰，随铺随砌，顶面不应高于外侧跟线砖的高度。

【禁忌9】基础防潮层开裂或抹压不密实

【分析】

防潮层开裂或抹压不密实，不能有效地阻止地下水分沿基础向上渗透，导致墙体经常潮湿，使室内粉刷层剥落。外墙受潮后，经盐碱和冻融作用，年久后，砖墙表皮逐层酥松剥落，影响结构承载力和居住环境卫生。

原因分析如下：

1. 防潮层的失效不是当时或短期内能发现的质量问题，因此，容易忽视施工质量。如果施工中经常发生砂浆混用，将砌基础剩余的砂浆作为防潮砂浆使用，或在砌筑砂浆中随意加一些水泥，这些都无法达到防潮砂浆的配合比要求。

2. 在防潮层施工前，基面上不作清理，不浇水或浇水不够，对防潮砂浆与基面的粘结有影响。操作时表面抹压不实，养护不好，使防潮层由于早期脱水，强度和密实度达不到要求，或者出现裂缝。

3. 冬期施工防潮层由于受冻失效。

【措施】

1. 防潮层应作为独立的隐蔽工程项目，在整个建筑物基础工程完工后进行操作，施工时尽可能少留或不留施工缝。

2. 防潮层下面三层砖要求满铺满挤，横、竖向灰缝砂浆都要饱满，240mm 墙防潮层下的顶皮砖，应采用满丁砌法。

3. 防潮层施工宜安排在基础房心土回填后进行，防止填土时损坏防潮层。

4. 如果设计对防潮层做法未作具体规定时，宜采用 20mm 厚 1∶2.5 水泥砂浆掺适量防水剂的做法，操作要求如下：

（1）将基面上的泥土、砂浆等杂物清除干净，重新砌筑被碰动的砖块，充分浇水润湿，待表面略见风干，即可进行防潮层施工。

（2）两边贴尺抹防潮层，保证厚度为 20mm。不允许用防潮层的厚度来调整基础标高的偏差。

（3）用木抹子将砂浆表面揉平，待开始起干时，即可进行抹压（2～3 遍）。抹压时，可在表面刷一遍水泥净浆或撒少许干水泥，以进一步将砂浆毛细管通路堵塞。防潮层施工应尽可能不留施工缝，一次做齐；如果必须留置，则应留在门口位置。

（4）防潮层砂浆抹完后，第二天即可浇水养护。可在防潮层上铺砂子，其厚度为 20～30mm，上面盖一层砖，每日浇一次水，这样能保持良好的潮湿养护环境。至少养护 3d，才能将墙体砌筑在上面。

5. 厚度为60mm的混凝土圈梁的防潮层施工，应注意砂石含泥量和混凝土石子级配，圈梁面层应加强抹压，也可采取撒干水泥压光处理，养护方法与水泥砂浆防潮层相同。

6. 防潮层砂浆和混凝土中禁止掺盐，在无保温条件下，不应进行冬期施工。防潮层应按隐蔽工程进行验收。

【禁忌10】砖砌体组砌混乱

【分析】

混水墙面组砌方法混乱，出现直缝和“二层皮”，砖柱采用先砌四周后填心的包心砌法，里外皮砖层互不相咬，形成周圈通天缝，降低了砌体强度和整体性；砖规格尺寸误差对清水墙面影响较大，如组砌形式不当，形成竖缝宽窄不均，影响美观。

原因分析如下：

1. 由于混水墙面要抹灰，组砌形式容易被操作人员忽视，或者操作人员缺乏砌筑基本技能，因此，出现了多层砖的直缝和“二层皮”现象。

2. 砖柱的砌筑需要大量的七分砖来满足内外砖层错缝的要求，如图2-3所示，打制七分砖会使工作量增加，影响砌筑效率，而且砖损耗很大。当操作人员思想不够重视，又缺乏严格检查的情况下，三七砖柱习惯于用包心砌法，如图2-4所示。

【措施】

1. 应使操作者了解砖墙组砌形式，不仅仅是为了清水墙美观，同时也是为了使墙体具有较好的受力性能。因此，墙体中砖缝搭接不得少于1/4砖长；内外皮砖层最多隔200mm

就应有一层丁砖拉结。烧结普通砖采用梅花丁、一顺一丁或三顺一丁砌法，多孔砖采用梅花丁或一顺一丁砌法均可满足这一要求。为了节约，允许使用半砖头，但应分散砌于混水墙中。

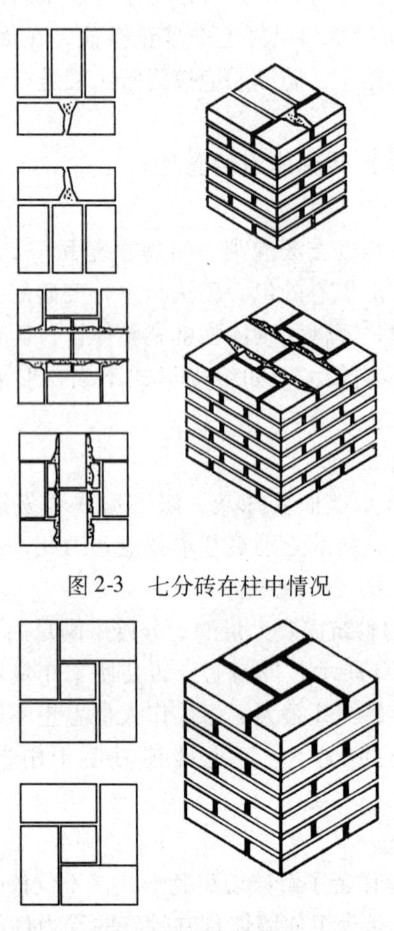

图 2-3　七分砖在柱中情况

图 2-4　三七砖柱包心砌法

2. 加强对操作人员的技能培训和考核，达不到技能要求者，不能上岗操作。

3. 砖柱的组砌方法，应根据砖柱断面尺寸和实际使用情况统一考虑，但不得采用包心砌法。

4. 砌筑砖柱所需的异形尺寸砖，宜在砖厂生产，或采用无齿锯切割。

5. 砖柱横竖向灰缝的砂浆都必须饱满，为提高砌体强度，每砌完一层砖，都要进行一次竖缝刮浆塞缝工作。

6. 墙体组砌形式的选用，可根据砖的尺寸误差和受力性能确定。一般清水墙面常选用梅花丁和一顺一丁组砌方法；砖砌蓄水池宜采用三顺一丁组砌方法；双面清水墙，如工业厂房围墙、围护墙等，可采取三七缝组砌方法。由于一般砖长度正偏差、宽度负偏差较多，采用梅花丁组砌形式，可使所砌墙面的竖缝宽度均匀一致。在同一栋号工程中，应尽可能使用同一砖厂的砖，以免由于砖的规格尺寸误差而经常变动组砌方法。

【禁忌11】砖缝砂浆不饱满，砂浆与砖粘结不良

【分析】

砌体水平灰缝砂浆饱满度低于80%；竖缝出现瞎缝，尤其是空心砖墙，常出现较多的透明缝；砌筑清水墙采取大缩口铺灰，缩口缝深度甚至达20mm以上，影响砂浆饱满度。砖在砌筑前未浇水湿润，干砖上墙，或铺灰长度过长，导致砂浆与砖粘结不良。

原因分析如下：

1. 低强度等级的砂浆，如使用水泥砂浆，由于水泥砂浆和易性差，砌筑时挤浆困难，操作者用瓦刀或大铲铺刮砂浆

后，使底灰产生空穴，砂浆不饱满。

2. 用铺浆法砌筑，有时由于铺浆过长，砌筑速度跟不上，底砖将砂浆中的水分吸收，使砌上的砖层与砂浆失去粘结。

3. 用干砖砌墙，使砂浆早期脱水而降低强度，且与砖的粘结力下降，而干砖表面的粉屑又起隔离作用，使砖与砂浆层的粘结减弱。

4. 砌清水墙时，为了省去刮缝工序，采取了大缩口的铺灰方法，使砌体砖缝缩口深度达20mm以上，既增加了勾缝工作量，又降低了砂浆饱满度。

【措施】

1. 保证灰缝砂浆饱满度和提高粘结强度的关键是改善砂浆和易性。详见“第1章禁忌2”的防治措施。

2. 改进砌筑方法。不宜采取铺浆法或摆砖砌筑，应推广“三一砌砖法”，即使用大铲，一块砖、一铲灰、一挤揉的砌筑方法。

3. 砌砖工程当采用铺浆法砌筑时，铺浆长度不得超过750mm；施工期间气温超过30℃时，铺浆长度不得超过500mm。

4. 严禁用干砖砌墙。砌筑砖砌体前，砖应提前1~2d浇水湿润。对烧结普通砖、多孔砖含水率宜为10%~15%；对灰砂砖、粉煤灰砖含水率宜为8%~12%。

5. 冬期施工时，在正温度条件下也应将砖面适当湿润后再砌筑。负温下施工无法浇砖时，砂浆的稠度应适当增大。对于9度抗震设防地区，在严冬无法浇砖情况下，不能进行砌筑。

【禁忌12】清水墙面游丁走缝

【分析】

大面积的清水墙面常出现丁砖宽窄不匀、竖缝歪斜、丁不压中，清水墙窗台部位与窗间墙部位的上下竖缝发生错位、搬家等现象，影响清水墙面的美观。

1. 砖的长、宽尺寸误差较大，如果砖的长度为正偏差，宽度为负偏差，砌一顺一丁时，不易掌握竖缝宽度，容易产生游丁走缝。

2. 开始砌墙摆砖时，未考虑窗口位置对砖竖缝的影响，当砌至窗台处窗口时，窗的边线不在竖缝位置，使窗间墙的竖缝搬家，上下错位。

3. 里脚手砌外清水墙，需经常探身观察外墙面的竖缝垂直度，砌至一定高度后，穿看墙缝不方便，容易产生误差，稍有疏忽就会出现游丁走缝。

【措施】

1. 砌筑清水墙时，应选取边角整齐、色泽均匀的砖。

2. 砌筑清水墙前应进行统一摆底，并对现场砖的尺寸进行实测，以便于确定组砌方法和调整竖缝宽度。

3. 摆底时应引出窗口位置，使砖的竖缝尽可能与窗口边线相齐，如果安排不开，可适当移动窗口位置（一般不大于20mm）。当窗口宽度不符合砖的模数时，为保持窗间墙处上下竖缝不错位，应将七分头砖留在窗口下部的中央。

4. 游丁走缝主要是丁砖游动所引起，因此在砌筑时，必须强调丁压中，即丁砖的中线与下层顺砖的中线重合。

5. 在砌大面积清水墙时，在开始砌的几层砖中，沿墙角1m处，用线坠吊一次竖缝的垂直度，至少保持一步架高度有准确的垂直度。

6. 沿墙面每隔一定间距，在竖缝处弹墨线，墨线用线坠或经纬仪引测。当砌至一定高度（一步架或一层墙）后，作为控制游丁走缝的基准，应将墨线向上引伸。

【禁忌 13】砌筑时，没有按皮数杆控制砖的层数

【分析】

砌筑时，砖的层数未按皮数杆控制。每当砌至基础顶面和在预制混凝土楼板上接砌砖墙时，由于标高偏差大，往往皮数杆不能与砖层吻合，需要在砌筑中用灰缝厚度逐步调整。如果砌同一层砖时，误将负偏差标高当作正偏差，砌砖时反而将灰缝压薄，在砌至层高赶上皮数杆时，与相邻位置的砖墙正好差一皮砖，形成“螺钉”墙。

【措施】

1. 砌墙前应先对所砌部位基面标高误差进行测定，通过调整灰缝厚度来调整墙体标高。

2. 可采取提（或压）缝的办法调整同一墙面标高误差，砌筑时应注意灰缝均匀，标高误差宜分配在一步架的各层砖缝中，逐层调整。

3. 操作时挂线两端应相互呼应，并经常检查同一条平线所砌砖的层数是否与皮数杆上的砖层数相符。

4. 当内外墙有高差，砖层数不好对照时，应以窗台为界由上向下倒清砖层数。当砌至一定高度时，为便于及时发现标高误差，可检查与相邻墙体水平线的平行度。

5. 在砌完墙体一步架前，应进行抄平弹半米线，用半米线向上引尺检查标高误差，墙体基面的标高误差，应在一步架内调整完毕。

【禁忌14】清水墙面水平缝不直，墙面凹凸不平

【分析】

同一条水平缝宽度不一致，个别砖层冒线砌筑；水平缝下垂；墙体中部（两步脚手架交接处）凹凸不平。

原因分析如下：

1. 砖在制坯和晾干过程中，底条面由于受压墩厚了一些，形成大小不等的两个条面，厚度约差2~3mm。砌砖时，如果大小条面随意跟线，必然使灰缝宽度不一致，个别砖大条面偏大较多，不易压薄灰缝砂浆，因此出现冒线砌筑。

2. 所砌的墙体长度超过20m，拉线不紧，挂线产生下垂，跟线砌筑后，灰缝就会出现下垂现象。

3. 搭脚手排木直接压墙，使接砌墙体出现“捞活”（砌脚手板以下部位）；挂立线时未从下步脚手架墙面向上引伸，在两步架交接处，墙体出现凹凸不平、水平灰缝不直等现象。

4. 由于第一步架墙体出现垂直偏差，接砌第二步架时进行了调整，因此在两步架交接处出现凹凸不平。

【措施】

1. 砌砖应采取小面跟线，由于一般砖的小面楞角裁口整齐，表面洁净。用小面跟线不仅能使灰缝均匀，而且可提高砌筑效率。

2. 挂线长度超过15~20m时，应增加腰线砖。腰线砖探出墙面30~40mm，将挂线搭在砖面上，挂线的平直度由角端检查，用腰线砖的灰缝厚度调平。

3. 墙体砌至脚手架排木搭设部位时，为消灭“捞活”，应预留脚手眼，并继续砌至高出脚手架板面一层砖。挂立线应由下面一步架墙面引伸，以立线延至下部墙面至少500mm。挂立线吊直后，将平线拉紧，用线坠吊平线和立线，当线坠

与平线、立线相重，即“三线归一”时，则可认为立线正确无误。

【禁忌15】清水墙面勾缝不符合要求

【分析】

清水墙面勾缝深浅不一致，竖缝不实，十字缝搭接不平，未将墙缝内残浆扫净，砂浆严重污染墙面；脚手眼处堵塞不严、不平，留有永久痕迹（堵孔砖与原墙面色泽不一致）；勾缝砂浆开裂、脱落。

1. 勾缝前清水墙面未经开缝，刮缝深度不够或用大缩口缝砌砖，使勾缝砂浆不平，深浅不一致。竖缝挤浆不严，勾缝砂浆悬空而未与缝内底灰接触，与平缝十字搭接不平，容易开裂、脱落。

2. 脚手眼堵塞不严，补缝砂浆不饱满。堵孔砖与原墙面的砖色泽不一致，在脚手眼处留下永久痕迹。

3. 勾缝前对墙面浇水润湿程度不够，使勾缝砂浆早期脱水，导致收缩开裂。未将墙缝内浮灰清理干净，影响勾缝砂浆与灰缝内砂浆的粘结，日久脱落。

4. 加浆勾缝时，由于托灰板接触墙面，勾缝水泥砂浆弄脏墙面而留下印痕。如果墙面浇水过湿，扫缝时砂浆也容易污染墙面。

【措施】

1. 清水墙面勾缝所用水泥的凝结时间和安定性复验应合格。砂浆的配合比应符合设计要求。

2. 勾缝前，必须对墙体砖缺楞掉角部位、瞎缝、刮缝深度不够的灰缝进行开凿，开缝深度为10mm左右，缝子上下切口应开凿整齐。

3. 砌墙时应保存一部分砖，供堵塞脚手眼用。堵塞脚手眼前，应先剔除洞内的残余砂浆，并浇水润湿（冲去浮灰），然后铺砂浆用砖挤严。横、竖灰缝均应填实砂浆，为减少脚手眼对墙体强度的影响，顶砖缝采取喂灰法塞严砂浆。

4. 勾缝前，应提前浇水将墙面的浮灰冲刷干净（包括将灰缝表层的不实部分清除干净），待砖墙表皮略风干时，再开始勾缝。

5. 勾缝采用1∶1.5 水泥细砂砂浆，细砂应过筛，砂浆稠度以勾缝镏子挑起不落为宜。

6. 外清水墙应勾凹缝，凹缝深度为4～5mm，为使凹缝切口整齐，应将勾缝镏子做成倒梯形断面，如图2-5 所示。操作时将勾缝砂浆用镏子压入缝内，并来回压实，使上下口切齐。竖缝镏子断面构造相同，竖缝应与上下水平缝搭接平整，左右切口要齐。为避免墙面被托灰板污染，应将板端刨成尖角，以减少与墙面的接触，托灰板如图2-6 所示。

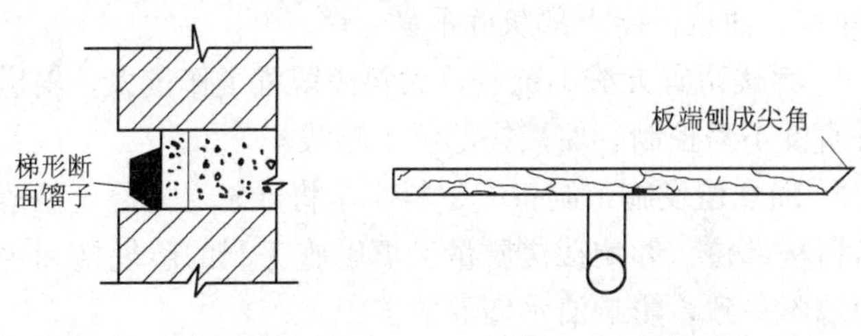

图2-5　勾缝镏子　　图2-6　托灰板

7. 勾完缝后，待砖面略吸干勾缝砂浆水分，即可进行扫缝。扫缝应顺缝扫，先扫水平缝，后扫竖缝。扫缝时，为减少对墙面的污染，应不断地将扫帚中的砂浆粉粒抖掉。

8. 天气干燥时，勾完缝后应喷水养护。

【禁忌16】墙体留槎形式不符合规定，接槎不严

【分析】

砌筑时未按规范执行，随意留直槎，且多留置阴槎，用砖渣填砌槎口部位，留槎部位接槎砂浆不严，灰缝不顺直，严重削弱墙体的拉结性能。

原因分析如下：

1. 操作人员对留槎形式与抗震性能的关系缺乏认识，习惯于留直槎，认为留斜槎费事，技术要求高，没有留直槎方便，而且多数留阴槎。有时由于施工操作不便，如外脚手砌墙，横墙留斜槎较困难而留置直槎。

2. 施工组织不当，导致留槎过多。由于重视不够，留直槎时，漏放拉结筋，或拉结筋长度、间距未按规定执行；拉结筋部位的砂浆不饱满，锈蚀钢筋。

3. 后砌厚度为120mm的隔墙留置的阳槎（马牙槎）不直不正，接槎时由于咬槎深度较大（砌十字缝时咬槎深度为120mm），使接槎砖上部灰缝不易塞严。

4. 斜槎留置方法不统一，大斜槎留置工作量大，斜槎灰缝平直度不易控制，使接槎部位不顺线。

5. 随意留设施工洞口，运料小车将砂浆、混凝土撒落到洞口留槎部位，影响接槎质量。填砌施工洞的砖规格和色泽与原墙不一致，影响清水墙面的美观。

【措施】

1. 在安排施工组织计划时，应统一考虑施工留槎。外墙大角尽可能做到同步砌筑不留槎，或一步架留槎处，二步架改为同步砌筑，以加强墙角的整体性。纵横墙交接处，有条件时尽可能安排同步砌筑，如果外脚手砌纵墙，横墙可以与此同步砌筑，工作面互不干扰，这样可尽量减少留槎部位，

有利于房屋的整体性。

2. 执行抗震设防烈度为8度以上地区不得留直槎的规定，斜槎宜采取18层斜槎砌法，如图2-7所示，为防止由于操作不熟练，使接槎处水平缝不直，可以加立小皮数杆。清水墙留槎，如果遇有门窗口，为控制标高，应将留槎部位砌至转角门窗口边，在门窗口框边立皮数杆，如图2-8所示。

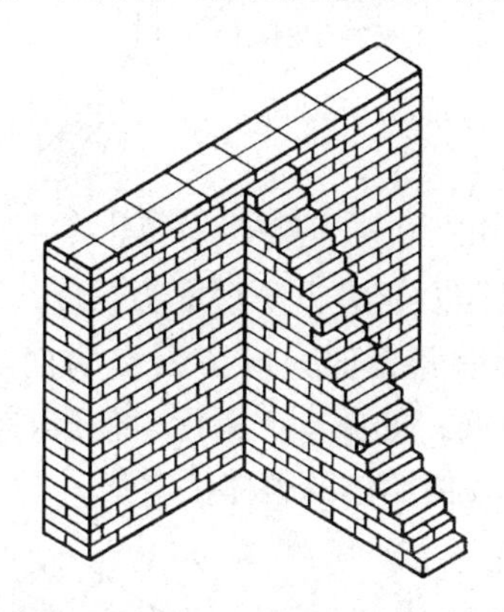

图2-7 斜槎砌法

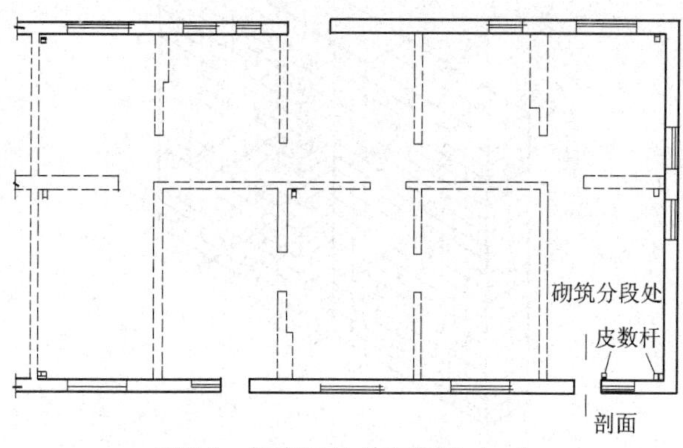

图2-8 门窗口处立皮数杆（一）

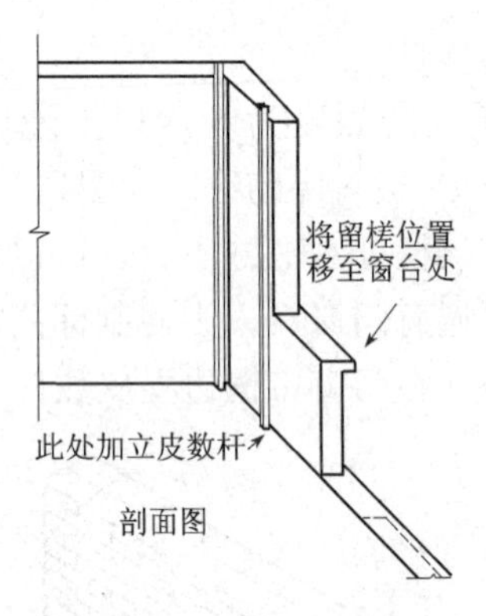

图 2-8 门窗口处立皮数杆（二）

3. 非抗震设防及抗震设防烈度为 6 度、7 度地区的临时间断处，当不能留斜槎时，应留引出墙面 120mm 的直槎，并按规定设拉结筋，如图 2-9 所示，使咬槎砖缝便于接砌，以保证接槎质量，使墙体的整体性增强。

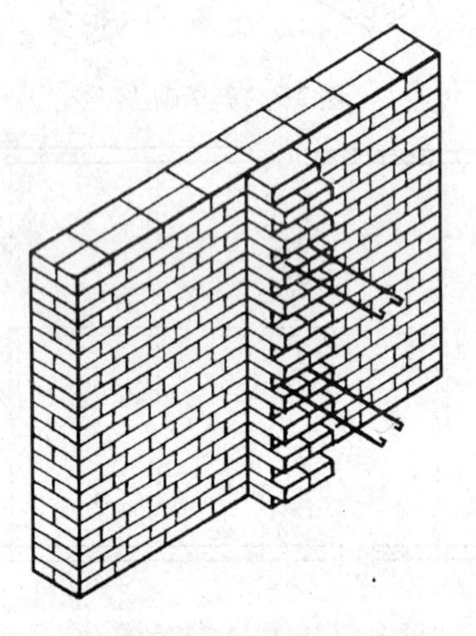

图 2-9 外探 120mm 直槎

4. 应注意接槎的质量。首先应将接槎处清理干净，然后浇水润湿，接槎时，槎面要填实砂浆，并保持灰缝平直。

5. 后砌非承重隔墙，可在墙中引出凸槎，对抗震设防地区还应按规定设置拉结钢筋，非抗震设防地区的120mm隔墙，也可采取在墙面上留榫式槎的做法，如图2-10所示。接槎时，应先将砂浆填塞在榫式槎洞口内，顶皮砖的上部灰缝用瓦刀或大铲将砂浆塞严，以稳固隔墙，减少留槎洞口对墙体断面的削弱。

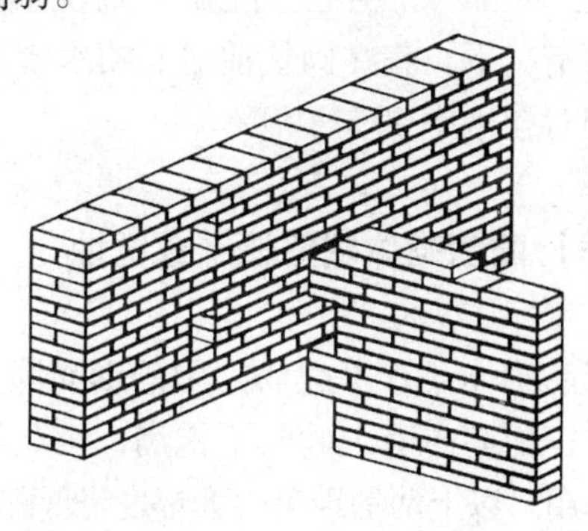

图2-10 榫式槎

6. 外清水墙施工洞口（竖井架上料口）留槎部位，应加以遮盖和保护，以免运料小车碰撞槎子和撒落砂浆、混凝土造成污染。为使填砌施工洞口用砖规格和色泽与墙体保持一致，在施工洞口附近应保存一部分原砌墙用砖，以供填砌洞口时使用。

【禁忌17】用干砖或用临时浇水的砖砌筑

【分析】

用干砖砌筑或在砌筑前临时浇水，都会降低砖与砂浆的粘结力，影响砌体质量。灰砂砖、粉煤灰砖由于具有吸水滞后的特征，如果砌筑前临时浇水，会影响砌体质量。

【措施】

砌筑烧结普通砖、烧结多孔砖、蒸压灰砂砖、蒸压粉煤灰砖砌体时，砖应提前1～2d适度湿润，严禁采用干砖或处于吸水饱和状态的砖砌筑，块体湿润程度宜符合下列规定：

1. 烧结类块体的相对含水率60%～70%。

2. 混凝土多孔砖及混凝土实心砖不需浇水湿润，但在气候干燥炎热的情况下，宜在砌筑前对其喷水湿润。其他非烧结类块体的相对含水率40%～50%。

【禁忌18】配筋砌体钢筋遗漏或锈蚀

【分析】

操作时配筋砌体（水平配筋）中的钢筋漏放，或未按照设计规定放置；配筋砖缝中砂浆不饱满，年久钢筋遭到严重锈蚀而失去作用。以上两种现象会大幅度降低配筋砌体强度。

原因分析如下：

1. 配筋砌体钢筋漏放，主要是操作时疏忽造成的。由于管理不善，当砌完配筋砌体以后，才发现配筋网片有剩余，但已经无法查对，往往不了了之。

2. 配筋砌体灰缝厚度不够，尤其当同一条灰缝中，有的部位（如窗间墙）有配筋，有的部位无配筋时，如果皮数杆灰缝按无配筋砌体画制，导致配筋部位灰缝厚度偏小，使配筋在灰缝中没有保护层，或局部未被砂浆包裹，造成钢筋锈蚀。

【措施】

1. 砌体中的配筋与混凝土中的钢筋一样，均属于隐蔽工程项目，应加强检查，并填写检查记录存档。施工中，应一次备齐所砌部位需要的配筋，以便于检查是否有遗漏。砌筑时，作为配筋标志，配筋端头应从砖缝处露出。

2. 配筋宜采用冷拔钢丝点焊网片，砌筑时，应适当增加灰缝厚度（以钢筋网片厚度上下各有2mm保护层为宜）。如果同一标高墙面有配筋和无配筋两种情况，可分划两种皮数杆，一般配筋砌体最好为外抹水泥砂浆混水墙，这样就不会影响墙体缝式的美观。

3. 为了保证砖缝中钢筋保护层的质量，应先将钢筋网片刷水泥净浆。网片放置前，应用砂浆填实底面砖层的纵横竖缝，以增强砌体强度，同时也能防止铺浆砌筑时，砂浆掉入竖缝中而出现露筋现象。

4. 配筋砌体一般使用的水泥砂浆强度等级较高，为了使挤浆严实，严禁用干砖砌筑。应采取满铺满挤（也可适当敲砖振实砂浆层），使砂浆能很好地包裹钢筋。

5. 如果有条件，可将防锈剂或防腐涂料涂刷在钢筋表面。

【禁忌19】地基不均匀下沉引起墙体裂缝

【分析】

1. 斜裂缝主要发生在软土地基上的墙体中，由于地基不均匀下沉，使墙体承受的剪切力较大，当结构刚度较差，施工质量和材料强度无法满足要求时，导致墙体开裂。

2. 窗间墙水平裂缝产生的原因是，由于地基沉降量较大，沉降单元上部受到阻力，使窗间墙受到的水平剪力较大，而发生上下位置的水平裂缝。

3. 房屋底层窗台下竖直裂缝，是由于窗间墙承受荷载后，窗台墙起着反梁作用，尤其是较宽大的窗口或窗间墙承受较大的集中荷载情况下（如厂房、礼堂等工程），建在软土地基上的房屋，窗台墙由于反向变形过大而开裂，严重时还会将窗口挤坏，影响窗扇开启。另外，如果地基建在冻土层上，由于冻胀作用也可能在窗台处发生裂缝。

【措施】

1. 加强地基探槽工作。对于较复杂的地基，在基槽开挖后应进行普遍钎探，待探出的软弱部位进行加固处理后，才能进行基础施工。

2. 加强上部结构的刚度，提高墙体抗剪强度。由于上部结构刚度较强，可以适当调整地基的不均匀下沉，因此应在基础顶面（±0.000）处及各楼层门窗口上部设置圈梁，减少建筑物端部门窗数量。设计时，应控制长高比不要过大。操作中严格执行规范规定，如砖浇水润湿程度，改善砂浆和易性，提高砂浆饱满度，在施工临时间断处留置斜槎。对于非抗震设防地区及抗震设防烈度为 6、7 度地区的房屋，当留置直槎时，也应留成阳槎，并按规定加设拉结筋，坚决将阴槎和无拉结筋的做法消灭。

3. 合理设置沉降缝。凡不同荷载（高差悬殊的房屋）、长度过大、平面形状较为复杂，同一建筑物地基处理方法不同和有部分地下室的房屋，都应从基础开始分成若干部分，设置沉降缝使其各自沉降，以减少或防止裂缝产生。沉降缝应有足够的宽度，操作中应防止浇筑圈梁时将断开处浇在一起，或砂浆、砖头等杂物落入缝内，防止房屋不能自由沉降而发生墙体拉裂现象。

4. 宽大窗口下部应考虑设混凝土梁或砌反砖碳，如图 2-11所示，以适应窗台反梁作用的变形，以免窗台处产生竖直裂缝。为防止多层房屋底层窗台下出现裂缝，除了加强基础整体性外，也采取通长配筋的方法来加强。另外，窗台部位也不宜使用过多的半砖砌筑。

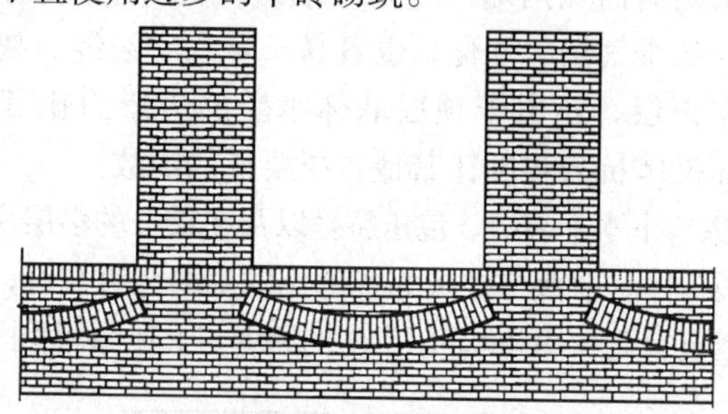

图2-11 砌反砖碳

5. 对于沉降差不大，且已不再发展的一般性细小裂缝，由于不会影响结构的安全和使用，采取砂浆堵抹即可。

6. 对于不均匀沉降仍在发展，裂缝较严重且在继续开展的情况，应本着先加固地基后处理裂缝的原则进行。一般可采用桩基托换加固方法来加固，即沿基础两侧布置灌注桩，上设抬梁，托起原基础圈梁，以免地基继续下沉，然后根据墙体裂缝的严重程度，分别采用灌浆充填法（1：2 水泥砂浆）、钢筋网片加固法（250mm × 250mmϕ4 ~ 6mm 钢筋网，用穿墙拉筋固定在墙体两侧，上抹 35mm 厚 M10 水泥砂浆或 C20 细石混凝土）、拆砖重砌法（拆去局部砖墙，用比原强度等级高一级的砂浆重新砌筑）进行处理。

【禁忌 20】温度变化引起墙体裂缝

【分析】

1. 八字裂缝一般发生在平屋顶房屋顶层纵墙面上，产生这种裂缝，往往是在夏季屋顶圈梁、挑檐混凝土浇筑后，保温层未施工前，由于混凝土和砖砌体两种材料线胀系数的差异（前者比后者约大一倍），在较大温差情况下，纵墙由于不能自由缩短而在两端产生八字裂缝。无保温屋盖的房屋，经过夏、冬季气温的变化，也容易产生八字裂缝。裂缝之所以发生在顶层，还由于顶层墙体承受的压应力比其他各层小，从而砌体抗剪强度比其他各层要低的缘故。

2. 檐口下水平裂缝、包角裂缝以及在较长的多层房屋楼梯间处，楼梯休息平台与楼板邻接部位发生的竖直裂缝，以及纵墙上的竖直裂缝（图 2-12），产生的原因与上述原因相同。

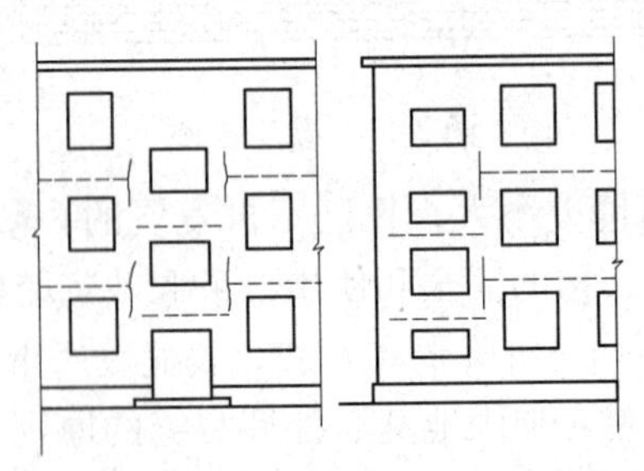

图 2-12　竖直裂缝

【措施】

1. 合理安排屋面保温层施工。由于屋面结构层施工完毕至做好保温层，中间有一段时间间隔，因此屋面施工应尽可能避开高温季节，同时应尽可能缩短间隔时间。

2. 屋面挑檐可采取分块预制或者顶层圈梁与墙体之间设置滑动层。

3. 为减少温度变化对墙体产生的影响，应按规定留置伸缩缝。伸缩缝内应清理干净，防止砂浆或碎砖等杂物填入缝内。

4. 此类裂缝一般不会危及结构的安全，且 2 ~ 3 年将趋于稳定，因此，对于这类裂缝可待其基本稳定后再作处理。

附录 砖砌体工程质量检验与验收

砖砌体工程质量检验与验收 附表 2-1

项目		质量合格标准	检验方法	抽检数量
主控项目	砖和砂浆强度等级	砖和砂浆的强度等级必须符合设计要求	查砖和砂浆试块试验报告	每一生产厂家，烧结普通砖、混凝土实心砖每15万块，烧结多孔砖、混凝土多孔砖、蒸压灰砂砖及蒸压粉煤灰砖每10万块各为一验收批，不足上述数量时按1批计，抽检数量为1组 砂浆试块：每一检验批且不超过250m³砌体的各种类、各强度等级的普通砌筑砂浆，每台搅拌机应至少抽检一次。验收批的预拌砂浆，蒸压加气混凝土砌块专用砂浆，抽检可为3组
	水平灰缝砂浆饱满度	砌体灰缝砂浆应密实饱满，砖墙水平灰缝的砂浆饱满度不得低于80%；砖柱水平灰缝和竖向灰缝饱满度不得低于90%	用百格网检查砖底面与砂浆的粘结痕迹面积。每处检测3块砖，取其平均值	每检验批抽查不应少于5处

续表

项目		质量合格标准	检验方法	抽检数量
主控项目	斜槎留置	砖砌体的转角处和交接处应同时砌筑，严禁无可靠措施的内外墙分砌施工。在抗震设防烈度为8度及8度以上地区，对不能同时砌筑而又必须留置的临时间断处应砌成斜槎，普通砖砌体斜槎水平投影长度应不小于高度的2/3，多孔砖砌体的斜槎长高比不应小于1/2。斜槎高度不得超过一步脚手架的高度	观察检查	每检验批抽查不应少于5处
	直槎拉结筋及接槎处理	非抗震设防及抗震设防烈度为6度、7度地区的临时间断处，当不能留斜槎时，除转角处外，可留直槎，但直槎必须做成凸槎，且应加设拉结钢筋，拉结钢筋应符合下列规定：每120mm墙厚放置1ϕ6拉结钢筋（120mm厚墙应放置2ϕ6拉结钢筋），间距沿墙高不应超过500mm，且竖向间距偏差不应超过100mm，埋入长度从留槎处算起每边均不应小于500mm，对抗震设防	观察和尺量检查	每检验批抽查不应少于5处

续表

项目		质量合格标准	检验方法	抽检数量
主控项目	直槎拉结筋及接槎处理	烈度6度、7度的地区，不应小于1000mm；末端应有90°弯钩（附图2-1）	观察和尺量检查	每检验批抽查不应少于5处
一般项目	组砌方法	砖砌体组砌方法应正确，内外搭砌，上、下错缝。清水墙、窗间墙无通缝；混水墙中不得有长度大于300mm的通缝，长度200～300mm的通缝每间不超过3处，且不得位于同一面墙体上。砖柱不得采用包心砌法	观察检查。砌体组砌方法抽检每处应为3～5m	每检验批抽查不应少于5处
	灰缝质量要求	砖砌体的灰缝应横平竖直，厚薄均匀。水平灰缝厚度及竖向灰缝宽度宜为10mm，但不应小于8mm，也不应大于12mm	水平灰缝厚度散尺量10皮砖砌体高度折算；竖向灰缝宽度用尺量2m砌体长度折算	每检验批抽查不应少于5处
	砖砌体尺寸、位置的允许偏差及检验	砖砌体尺寸、位置的允许偏差及检验应符合附表2-2的规定	见附表2-2	见附表2-2

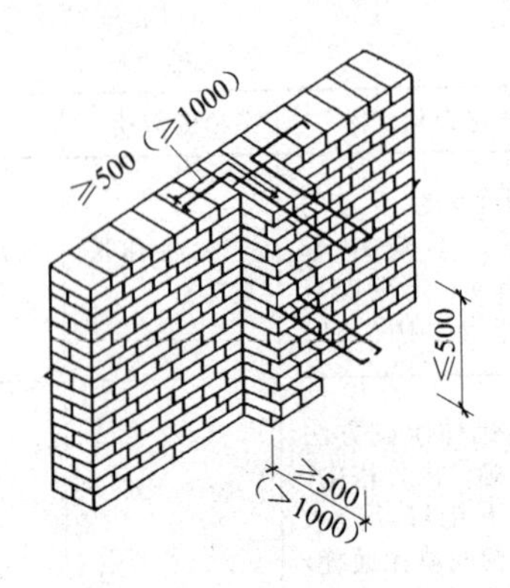

附图 2-1　拉接钢筋埋设

砖砌体尺寸、位置的允许偏差及检验　　附表 2-2

项　　目			允许偏差（mm）	检验方法	抽检数量
轴线位移			10	用经纬仪和尺或用其他测量仪器检查	承重墙、柱全数检查
基础、墙、柱顶面标高			±15	用水准仪和尺检查	不应少于 5 处
墙面垂直度	每层		5	用 2m 托线板检查	不应少于 5 处
	全高	≤10m	10	用经纬仪、吊线和尺或用其他测量仪器检查	外墙全部阳角
		>10m	20		
表面平整度	清水墙、柱		5	2m 靠尺和楔形塞尺检查	不应少于 5 处
	混水墙、柱		8		
水平灰缝平直度	清水墙		7	5m 线和尺检查	不应少于 5 处
	混水墙		10		
门窗洞口高、宽（后塞口）			±5	用尺检查	不应少于 5 处
外墙上下窗口偏移			20	以底层窗口为准，用经纬仪或吊线检查	不应少于 5 处
清水墙游丁走缝			20	以每层第一皮砖为准，用吊线和尺检查	不应少于 5 处

第3章　混凝土小型空心砌块砌体工程

【禁忌1】砌体强度低

【分析】

墙体抗压强度偏低，施工过程中或使用后产生墙体局部压碎或断裂，造成结构破坏。

原因分析如下：

1. 小砌块断裂，缺棱掉角；小砌块强度偏低，不符合设计要求。

2. 砂浆及原材料质量差，如石灰膏中有生石灰块、水泥安定性不合格、砂子偏细或含泥量过多等，都会影响砂浆的强度，导致砂浆强度比设计强度低。另外，由于配制砂浆时计量不严格和未采用机械搅拌，导致砂浆强度波动大，和易性和保水性差，都会直接影响砌体的强度。

3. 由于操作工艺不合理，如铺灰面过大，砂浆失去塑性，导致水平灰缝不密实；竖缝未采用加浆法砌筑，竖缝砂浆不饱满，影响砌体强度。

4. 小砌块排列不合理，组砌混乱。上下皮砌块没有对孔错缝搭接，纵横墙没有交错搭砌；与其他墙体材料混砌，导致砌体整体性差，降低了砌体的承载能力，在外力作用下易导致破坏。

5. 小砌块砌体不能满足砌体截面局部均匀压力，尤其是梁端支承处砌体局部受压，在集中荷载作用下，砌体的局部受压强度不能满足承载力的要求。

6. 墙体上随意留洞和打凿，由于小砌块壁肋较薄，必然严重削弱墙体受力的有效面积，并使偏心距增大，影响墙体的承载能力。

7. 芯柱混凝土在砌体抗压强度中起主导作用，但芯柱混凝土质量差，也直接影响砌体的抗压强度。

8. 冬期施工未采取防冻等措施，砌体在未达到一定强度时受冻而影响强度。

【措施】

1. 认真做好小砌块、石子、水泥、砂、石灰膏和外掺剂等原材料的质量检验；在砌筑过程中，要剔除外观和尺寸不合格的小砌块，使用在主要受力部位的小砌块要经过挑选。

2. 砂浆配合比应用重量比控制，做到盘盘称量；砂浆要采用机械搅拌，并且要搅拌均匀，随拌随用，并在初凝前用完。砂浆出现泌水现象时，要在砌筑前再次拌合。水泥砂浆和水泥混合砂浆应分别在 3h 和 4h 内使用完毕；当施工期间高气温超过 30℃时，应分别在拌成后 2h 和 3h 内使用完毕。严禁使用隔夜砂浆（商品砂浆除外）。

砂浆除应满足强度要求外，还应有良好的和易性，一般宜为 50 ~ 70mm。

3. 小砌块一般应优先采用集装托板或集装箱装车运输；要求装车均匀、平整，以免在运输过程中小砌块相互碰撞而损坏。小砌块到工地后，不允许翻斗倾卸和任意抛掷，防止造成小砌块缺棱掉角和产生裂缝。现场堆放场地应坚实、平整，并有排水。小砌块堆放高度不宜超过 1.6m；当采用集装托板或集装箱时，其叠放高度不宜超过二格（每格 5 皮小砌块）或二箱。

4. 砌墙前应根据小砌块尺寸和灰缝厚度设计好砌块排列

图和皮数杆。建筑尺寸与砌块模数不符，需要镶砌时，应用与砌块强度等级相同的混凝土块，不可用断裂砌块，也不可与其他墙体材料混砌。

5. 小砌块上部的肋较薄，底部的肋略厚，砌筑时应底面朝上砌筑（即反砌），以便于铺放砂浆；铺灰长度不宜过大，宜控制在800mm以内，灰缝厚度控制在8~12mm；砌好一定面积后用厚浆勾缝。

砌体灰缝应横平竖直，全部灰缝均应铺填砂浆。水平缝宜用坐浆法，垂直灰缝应采用加浆法，即小砌块上墙后在垂直缝的凹缝内加砂浆用泥刀捣实。要求水平灰缝砂浆饱满度不低于90%；竖缝的砂浆饱满度不得低于80%；同时，不得出现透明缝、瞎眼缝。

6. 使用单排孔小砌块时，上下皮小砌块孔对孔、肋对肋错缝搭接；试验证明，错孔砌筑要比对孔砌筑时的强度降低20%。使用多排孔小砌块时，也应错缝搭接。搭接长度不应小于90mm。墙体的个别部位不能满足上述要求时，应在灰缝中设置拉接钢筋或钢筋网片。钢筋和网片两端距离垂直缝不小于400mm，如图3-1所示，但竖向通缝仍不得超过两皮小砌块。

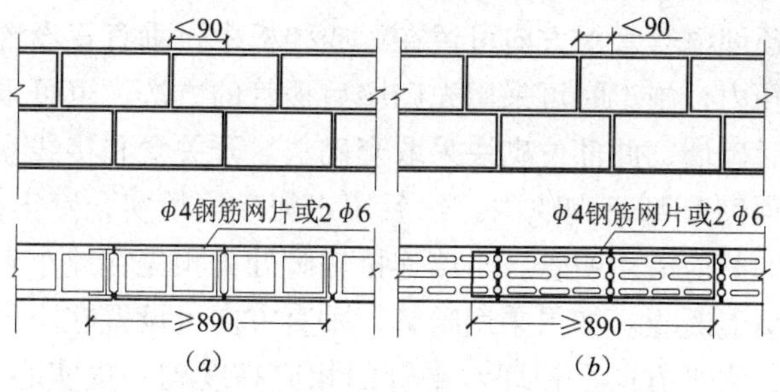

图3-1 混凝土小砌块在灰缝中设置拉接筋或网片
（*a*）混凝土单孔小砌块；（*b*）混凝土多排孔小砌块

7. 内外墙要同时砌筑，外墙转角处和纵横墙交接处的小砌块应分皮咬槎，交错搭砌。墙体的临时间断处应设置在门窗洞口处或砌成阶梯形斜槎，斜槎长度不应小于高度的2/3。砌体接槎时，必须将接槎处表面清理干净，并应填实砂浆，保持灰缝平直。

需要留设施工临时通道时，其通道侧边距交接处的墙面不应小于600mm，并在顶部设过梁，填砌通道时砌筑砂浆强度等级应提高一级。

8. 砌体受集中荷载处应加强。在砌体受局部均匀压力或集中荷载（例如梁端支承处）作用时，应根据设计要求用与小砌块强度等级相同的混凝土填实一定范围内的砌块孔洞；如果设计无规定，梁的支承处灌实宽度不应小于600mm，高度不应小于190mm。挑梁支承面下，其支承部位的内外墙交接处，纵横各灌实3个孔洞，灌实高度不小于三皮砌块；跨度大于4.2m的梁，其支承面下应设置混凝土或钢筋混凝土垫块。无圈梁的檩条和钢筋混凝土楼板支承面下的一皮砌块要灌实。

9. 预留洞应在砌筑时预先留置，并在洞周围采取加强措施。预埋电管水平方向可留在梁或楼板中；垂直管设置在小砌块孔内，施工时可采用先砌墙后插管的方法，也可采用先立管后砌墙，此部位砌块采取套砌法。开关盒和接线盒可嵌埋在预砌U型小砌块内，然后用水泥砂浆填实，窝牢铁盒。水管一般应采用明管，与墙连接锚脚处可预先在此小砌块孔洞内填混凝土。如果采用暗管，垂直方向可设置在小砌块孔洞内；水平方向在预埋水平管的相应高度砌一皮实心砌块，并预留通长的水平凹槽；水管安装完毕，用1:2水泥砂浆嵌平。

10. 小砌块施工用内脚手，不宜在砌体内留设脚手眼，宜采用工具式高凳和脚手板搭设。如果必须设置时，要留在设计和规范允许的部位，具体方法可用 190mm × 190mm × 190mm 小砌块侧砌，利用其孔洞做脚手眼，砌体完工后用 C20 混凝土填实。

11. 冬期施工不得使用水浸后受冻的小砌块，并且不得采用冻结法施工，不允许使用受冻的砂浆。每日砌筑后，新砌的砌体应用保温材料覆盖。解冻期间应观察砌体，发现异常现象，应及时采取措施。

12. 对已砌筑在砌体中的不合格砌块，如果条件许可时，应拆除重砌。尤其是在受力部位，即使上部结构已经完成，但砌的数量不多，面积不大时，一般应在做好临时支撑以后，拆除不合格砌块，重新砌筑；待砌体达到一定强度以后，才能将临时支撑撤掉。

13. 如果砌体中已砌进较多的不合格砌块或分布面较广，拆除困难时，需要在结构验算后，进行加固补强。

补强时，一般应将原有粉刷层铲除，清理干净后，采用钢筋混凝土增大结构断面的方法。对于墙体等部位，可以通过计算，在墙体两侧用适当厚度的钢筋混凝土板墙进行加固补强。对柱、垛等部位，可以通过计算，确定适当厚度的钢筋混凝土围箍进行加固补强。混凝土施工方法可采用喷射混凝土的工艺施工，也可采用支模浇筑方法。墙体上每隔适当距离钻孔（孔距一般控制在 500mm 左右），放置拉结筋，使加固以后的墙体形成整体。

在加固过程中，绑扎钢筋、立模板、浇水湿润、浇筑混凝土、喷射混凝土等施工工艺和要求与钢筋混凝土相同。

【禁忌 2】混凝土芯柱质量差

【分析】

芯柱混凝土出现缺陷如缩颈、空洞、不密实，或与小砌块粘结不好；芯柱上下不贯通；芯柱钢筋位移、搭接长度不够，或绑扎不牢。芯柱质量差影响砌体的整体性，砌体容易产生裂缝。又由于小砌块建筑抵抗地震水平剪力主要由现浇混凝土芯柱的横截面抗剪强度和砌体的水平灰缝抗剪强度共同承担，因此混凝土芯柱质量差也影响建筑物的抗震能力。

原因分析如下：

1. 芯柱断面一般只有 125mm × 135mm，如果芯柱混凝土的材料和级配选择不当（如石子过大、坍落度过小），浇捣困难，很容易出现空洞和不密实现象。

2. 小砌块砌筑时，底皮砌块未留清扫孔，导致芯柱内的垃圾无法清理；或虽有清扫孔但未能认真做好清扫工作，使芯柱施工缝处出现灰渣层；或虽清理干净但未用水泥砂浆接浆，施工缝处出现蜂窝。这些都使芯柱出现薄弱部位，影响芯柱的整体性。

3. 混凝土浇筑未严格按照分皮浇筑的原则，而是灌满一层再振捣，或采用人工振捣，这样容易引起混凝土不密实和与小砌块粘结不良的现象。

4. 芯柱部位小砌块底部毛边未清理或砌筑时多余砂浆未及时清理，这样会出现芯柱缩颈现象。

5. 施工过程中未及时校正芯柱钢筋位置，钢筋偏位；芯柱钢筋搭接长度不符合要求，钢筋加工长度不符合要求；底皮小砌块清扫孔过小，或排列不合理，影响钢筋绑扎，部分钢筋绑扎不牢或未绑扎。

6. 在抗震地区施工漏放芯柱与墙体拉接钢筋网片，影响芯柱与墙体共同受力。

7. 楼盖使用预制楼板时，预制楼板芯柱部位未留缺口，使芯柱无法贯通。

【措施】

1. 底皮小砌块在芯柱处用E型和U型小砌块砌筑，在T形、L形、十字形接头处排列时，应考虑芯柱每个孔都能绑扎钢筋和清理垃圾，如图3-2所示。

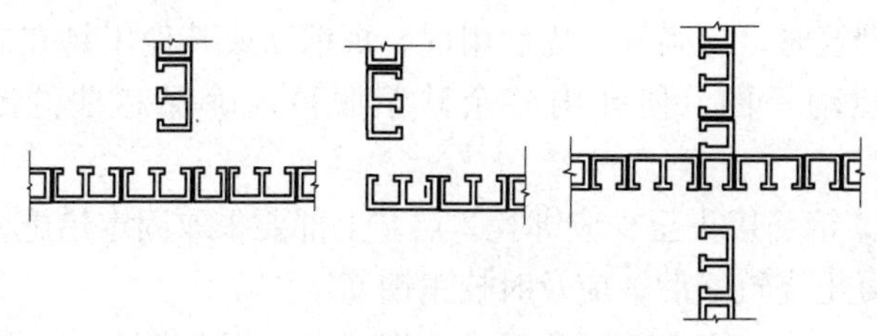

图3-2 T、L、十字形接头底皮砌块排列图

2. 浇捣混凝土前应将孔内砂浆和垃圾清理干净，并浇水湿润。

3. 砌完一个楼层高度后，应连续浇灌芯柱混凝土。每浇灌400~500mm高度捣实一次，严禁灌满一个楼层高度后再捣实。一般宜采用25mm直径的小型插入式振捣棒进行振捣，并且实行混凝土定量浇灌。

浇灌前应先注入一定量的与芯柱混凝土成分相同的水泥砂浆。

4. 浇灌芯柱混凝土宜采用坍落度为120~200mm的细石混凝土，以坍落度200mm左右最合适，便于混凝土浇捣密实，不易出现空洞和蜂窝麻面。

5. 有现浇圈梁的工程，虽然芯柱和圈梁混凝土一次浇筑整体性好，但由于有圈梁钢筋浇捣芯柱混凝土较困难，因此宜采用芯柱和圈梁分开浇筑。可采取芯柱混凝土浇筑到低于顶皮砌块表面 30~50mm 处，使每根芯柱与每层圈梁交接处均形成凹凸形暗键，以增加芯柱和圈梁的整体性，加强房屋的抗震能力。

6. 采用预制楼板时，应在预制板上留缺口或浇筑一条现浇混凝土板带，保证芯柱沿房屋全高贯通。

7. 砌筑前，应清除芯柱部位所用的小砌块孔洞底的毛边。砌筑时，应砌好一皮后用棍、短钢筋或其他工具在芯柱孔内搅动一圈，使孔内多余砂浆脱落，确保芯柱的断面尺寸。

8. 钢筋接头至少应绑扎 2 点，上部要采取固定措施，芯柱混凝土浇筑好后，应及时校正钢筋。

9. 芯柱钢筋位移，可在每层楼面标高处按不超过 1/6 弯折角度，逐步校正到正确位置。

10. 发现芯柱混凝土强度达不到要求或浇筑不密实，可将芯柱部位的小砌块和混凝土凿除（用人工凿除，以免影响周围的墙体），然后清理干净，重新立模板浇筑混凝土，其要求与钢筋混凝土工程相同。

11. 在抗震设防地区，芯柱与墙体连接处，应设置拉接钢筋网片；网片可采用直径 4mm 的钢筋点焊而成，每边伸入墙内不宜小于 1m，且沿墙高应每隔 400mm 设置。

【禁忌 3】墙体产生裂缝，整体性差

【分析】

小砌块的块体比一般黏土砖大，其收缩值也大；另外，小砌块砌体的抗剪能力差，因此在水平力的作用下或受其他因素的影响，墙体容易产生各种裂缝，如竖向裂缝、水平裂

缝、阶梯形裂缝和砌块周边裂缝。一般情况下，在顶部内外纵墙及内横墙端部出现正八字裂缝；窗台左右角部位和梁下部局部受压部位出现裂缝，裂缝主要是沿灰缝开展。在顶层屋面板底、圈梁底出现水平裂缝，如图3-3所示。这些裂缝影响建筑物的整体性，损坏建筑物的美观，不利于抗震，严重的墙面会出现渗水现象。

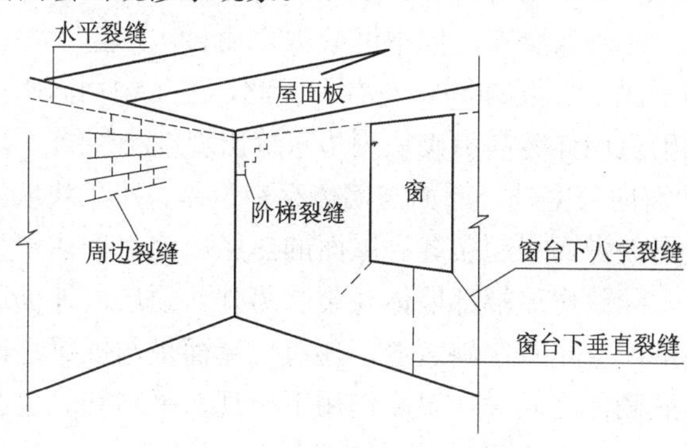

图3-3　墙面裂缝示意

原因分析如下：

1. 小砌块的块体比黏土砖大，相应灰缝少，因此砌体的抗剪强度低，只有砖砌体的40%～50%左右，仅为0.23MPa；另外竖缝高度只有19cm，砂浆很难嵌填饱满，如果砌筑中不注意操作质量，抗剪强度还会降低。

2. 小砌块表面沾有浮灰、黏土等污物，砌筑前未清理干净，在砂浆和小砌块之间形成隔离层，影响小砌块砌体的抗剪强度。

3. 由于小砌块是混凝土制品，干缩是其重要特征，其收缩率在0.35～0.5mm/m间，比黏土砖的温度线膨胀系数大60倍以上。在自然条件下，混凝土收缩一般需要180d后才趋于稳定，养护28d的混凝土仅完成收缩值的60%，其余收缩将在28d后完成。因此，采用没有适当存放期的小砌块砌筑，小砌块将继续收缩，如果遇砌筑砂浆强度不足、粘结力差或某部位灰缝不饱满，此时收缩应力大于砌体的抗拉和抗剪强度，小砌块墙体就必然产生裂缝。

小砌块在现场淋雨后，未充分干燥，含水率高，砌到墙体上后，小砌块会在墙体中继续失水而再次产生干缩，收缩值为第一次干缩值的80%左右。因此，施工中用雨水淋湿的小砌块砌筑墙体容易沿砌块周边灰缝出现细小裂缝。

4. 室内与室外、屋面与墙体存在温差，小砌块墙体由于温差变形差异而引起裂缝。屋面的热胀冷缩对砌体产生很大的推力，导致房屋端部墙体开裂。另外，顶层内外纵墙及内横墙端部产生正八字斜裂缝，还有，屋面板与圈梁之间、圈梁与梁底砌体之间，在温度作用下出现水平剪切，也会出现水平裂缝。

5. 小砌块外形尺寸不符合要求，尺寸误差大，引起水平灰缝弯曲和波折，使小砌块受力不均匀，砌体抗剪能力大大减弱，容易产生裂缝。

6. 小砌块排列不合理，在窗口的竖向灰缝正对窗角，裂缝容易从窗角处的灰缝向外延伸，见“本章禁忌1的原因分析3”。

7. 小砌块建筑由于块体大，灰缝较少，对地基不均匀沉降特别敏感，容易产生墙体裂缝。建筑物的不均匀沉降会引起砌体结构内的附加应力，从而产生垂直弯曲裂缝或剪拉斜裂缝。另外，由于窗间墙在荷载作用下沉降较大，而窗台墙荷载较轻，沉降较小，这样在房屋的底层窗台墙中部会出现上宽下窄的垂直裂缝。

8. 砂浆质量差导致小砌块间粘结不良；砂浆中有较大的石子，导致灰缝不密实；砌筑时铺灰长度太长，砂浆失水，影响粘结；小砌块就位校正后，又受到碰撞、撬动等，影响砂浆与小砌块的粘结。由于以上种种原因，导致小砌块之间粘结不好，甚至在灰缝中形成初期裂缝。

9. 圈梁施工未做好垃圾清理和浇水湿润，使混凝土圈梁与墙体不能形成整体，失去圈梁的作用。

10. 安装楼板前，未做好墙顶或圈梁顶清理、浇水湿润、找平以及安装时的坐浆等工作，在温度应力作用下，容易在墙顶面或圈梁顶面产生水平裂缝。

11. 圈梁、墙体、楼板之间没有可靠的连接，使某一构件或某一部位受力后，力不能传递，也就不能共同承受外力，很容易在局部破坏，产生裂缝甚至最后导致破坏整个建筑物。

12. 混凝土芯柱质量差，见“本章禁忌2的原因分析”。

13. 砂浆强度低于1MPa就浇筑芯柱混凝土，导致墙体位移产生初始裂缝。

【措施】

1. 配制砌筑砂浆的原材料必须符合质量要求。做好砂浆配合比设计，砂浆应具有良好的和易性和保水性，因此宜采用混合砂浆；混合砂浆的保水性比水泥砂浆好，砌筑时容易保证灰缝的饱满度；另外，混合砂浆的干缩性比水泥砂浆小，防止由于砂浆干缩而引起裂缝。

2. 控制小砌块的含水率，改善砌块生产工艺，采用干硬性混凝土，使水灰比减小；在混凝土配合比中多用粗集料；小砌块生产中要振捣密实；生产后用蒸汽养护，小砌块在出厂时含水率控制在45%以内。

3. 控制铺灰长度、灰缝厚度和砂浆饱满度，详见“本章禁忌1的措施5”。

4. 为了减少小砌块在砌体中收缩而引起的周边裂缝，小砌块应在厂内至少存放28d后再送往现场，有条件的最好存放40d，使小砌块基本稳定后再上墙砌筑。

5. 小砌块进场不宜贴地堆放，底部应架空垫高，雨天上部应遮盖。

6. 小砌块吸水速度缓慢，吸水率很小，砌筑前不得浇水；在气候特别炎热干燥时，砂浆铺摊后会失水过快，影响砌筑砂浆和小砌块间的粘结，因此，可在砌筑前稍喷水湿润。

7. 绘制砌块排列图，详见“本章禁忌1的措施4”。

8. 选择合理的砂浆强度等级和小砌块强度等级，使之互相匹配，充分发挥小砌块的作用。当用强度等级低的砂浆砌筑时，在砌体受压时，砌体的变形主要发生在砂浆中，小砌块发挥不了作用，因此应适当提高砂浆强度等级。

9. 梁支座处理详见“本章禁忌1的措施8”。

10. 不在墙体上随意凿槽和留洞，详见本章“禁忌1的措施9”。

11. 建筑物设计时应采取措施减少不均匀沉降量，如对明浜、暗浜和软土地基进行适当的地基加固处理或打桩，并加强地基圈梁的刚度；提高底层窗台下砌筑砂浆的强度等级、设置水平钢筋网片或用C20混凝土灌实砌块孔洞；对荷载及体型变化复杂的建筑物宜设置沉降缝；按规范规定设置足够的圈梁和芯柱，以保证结构的整体性；施工过程中要加强管理，做好基坑验槽工作。

12. 为减少材料收缩、温度变化等原因引起建筑物伸缩而出现的裂缝，必须按规定设置伸缩缝（见表3-1）。

小砌块房屋伸缩缝的最大间距（m） 表3-1

<table>
<tr><th colspan="2">屋盖或楼盖类别</th><th>间距</th></tr>
<tr><td rowspan="2">整体式或装配整体式钢筋混凝土结构</td><td>有保温层或隔热层的屋盖、楼盖</td><td>40</td></tr>
<tr><td>无保温层或隔热层的屋盖</td><td>32</td></tr>
<tr><td rowspan="2">装配式无檩体系钢筋混凝土结构</td><td>有保温层或隔热层的屋盖、楼盖</td><td>48</td></tr>
<tr><td>无保温层或隔热层的屋盖</td><td>40</td></tr>
<tr><td rowspan="2">装配式有檩体系钢筋混凝土结构</td><td>有保温层或隔热层的屋盖</td><td>60</td></tr>
<tr><td>无保温层或隔热层的屋盖</td><td>48</td></tr>
<tr><td colspan="2">瓦材屋盖、木屋盖或楼盖、砖石屋盖或楼盖</td><td>75</td></tr>
</table>

注：1. 当有实践经验并采取有效措施时，可适当放宽。
2. 在钢筋混凝土屋面上挂瓦的屋盖应按钢筋混凝土屋盖采用。
3. 按本表设置的墙体伸缩缝，一般不能同时防止由于钢筋混凝土屋盖的温度变形和砌体干缩变形引起的墙体局部裂缝。
4. 温差较大且变化频繁地区和严寒地区不采暖的房屋及构筑物墙体的伸缩缝的最大间距，应按表中数值予以适当减小。
5. 墙体的伸缩缝应与结构的其他变形缝相重合，在进行立面处理时，必须保证缝隙的伸缩作用。

13. 在小砌块建筑的外墙转角、楼梯间四角的纵横墙交接处的三个孔洞，宜设置素混凝土芯柱；五层及五层以上的房屋，应在上述部位设置钢筋混凝土芯柱；在抗震设防地区应按表3-2的要求设置钢筋混凝土芯柱。

小砌块房屋芯柱设置要求表 3-2

<table>
<tr><th colspan="3">房屋层数</th><th rowspan="2">设置部位</th><th rowspan="2">设置数量</th></tr>
<tr><th>6度</th><th>7度</th><th>8度</th></tr>
<tr><td>四、五</td><td>三、四</td><td>二、三</td><td>外墙转角，楼梯间四角；大房间内外墙交接处；隔15m或单元横墙与外纵墙交接处</td><td>外墙转角，灌实3个孔；内外墙交接处，灌实4个孔</td></tr>
</table>

续表

房屋层数			设置部位	设置数量
6度	7度	8度		
六	五	四	外墙转角，楼梯间四角，大房间内外墙交接处，山墙与内纵墙交接处，隔开间横墙（轴线）与外纵墙交接处	外墙转角，灌实3个孔；内外墙交接处，灌实4个孔
七	六	五	外墙转角，楼梯间四角；各内墙（轴线）与外纵墙交接处；8、9度时，内纵墙与横墙（轴线）交接处和洞口两侧	外墙转角，灌实5个孔；内外墙交接处，灌实4个孔；内墙交接处，灌实4~5个孔；洞口两侧各灌实1个孔
	七	六	同上；横墙内芯柱间距不宜大于2m	外墙转角，灌实7个孔；内外墙交接处，灌实5个孔；内墙交接处，灌实4~5个孔；洞口两侧各灌实1个孔

14. 小砌块建筑可采用以下措施避免顶层墙体裂缝和渗水。

(1) 采用坡型屋面，减少屋面对墙面的水平推力，从而减少顶层墙体的裂缝。

(2) 为减少屋面板热胀产生的水平推力，钢筋混凝土屋盖可在适当位置设置分隔缝和在屋盖上设置保温隔热层。

(3) 在板底设置“滑动层”或在非抗震区降低屋面板坐浆的砂浆强度。

(4) 屋顶优先选用外挑天沟。

(5) 在顶层端开间门窗洞口边设置钢筋混凝土芯柱，窗台下设置水平钢筋网片或现浇混凝土窗台板。

(6) 顶层内外墙适当增加芯柱，重点放在内外墙转角部位和东、西山墙。

（7）顶层每隔400mm高加通长ϕ4钢筋网片一道，也可在1/2墙高处增加一道200mm高的现浇混凝土圈梁。

（8）加强顶层屋面圈梁；适当提高顶层墙体砌筑砂浆强度等级，一般其强度等级大于M5。

（9）结构施工完毕后，及时进行屋面保温层施工；待保温层施工完后，再进行内外墙粉刷。

15. 在炎热地区东、西山墙应考虑隔热措施，如外挂隔热板；在寒冷地区应考虑提高外墙保温性能，以减少墙体不同伸缩所造成的裂缝，或使裂缝控制在允许范围内。

16. 在墙面设控制缝，即在指定位置消除掉墙收缩时产生的应力和裂缝。控制缝应设在砌体干缩变形可能引起应力集中处，砌体产生裂缝可能性最大的部位，如墙高度、厚度变化处，门窗洞口处等。控制缝处可用弹性防水胶进行嵌缝。

17. 圈梁宜连续地设在同一水平面上，并与楼板同一标高，形成封闭状，以便对楼板平面起到箍紧作用；如果在构造上不许可时，也可设在楼板下。当不能在同一水平面上闭合时，应增设附加圈梁，其搭接长度不应小于两倍圈梁的垂直距离，且不应小于1m。基础部位和屋盖处圈梁宜现浇，楼盖处圈梁可以用预制槽形底模整浇，如图3-4所示。有抗震设防要求的房屋内均应设置现浇钢筋混凝土圈梁，如图3-5所示，不允许采用槽形小砌块作模，并应按表3-3的要求设置。

18. 预制楼板要安装牢固。预制楼板搁置在墙上或圈梁上支承长度不应小于80mm。当支承长度不足时，应采取有效的锚固措施，如在与墙或梁垂直板缝内配置钢筋（ϕ6～8mm），钢筋两端伸入板缝内的长度为1/4跨。

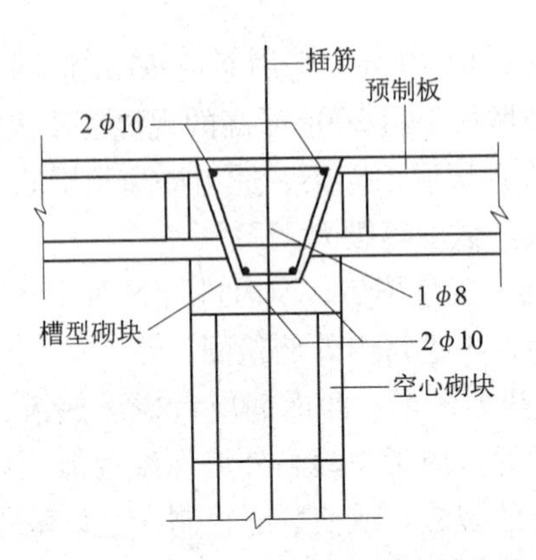

图 3-4　非抗震设防房屋楼板圈梁图

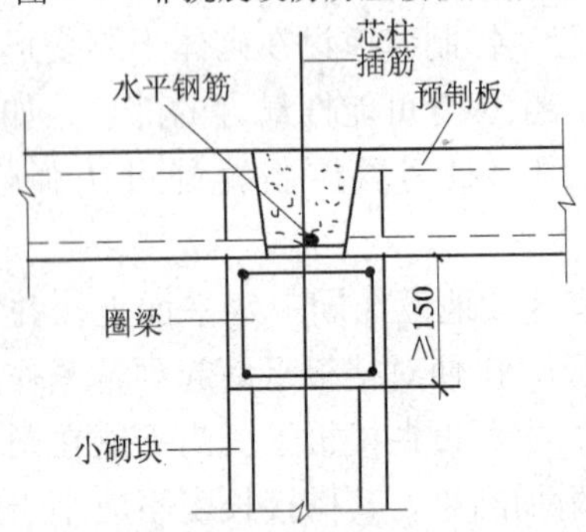

图 3-5　屋面圈梁及抗震设防房屋圈梁图

小砌块房屋现浇钢筋混凝土圈梁设置要求　　表 3-3

墙类	烈　度	
	6、7	8
外墙和内墙	屋盖处及每层楼盖处	屋盖处及每层楼盖处
内横墙	屋盖处及每层楼盖处；屋盖处沿所有横墙 楼盖处间距不应大于 7m 构造柱对应部位	屋盖处及每层楼盖处；各层所有横墙

板底缝隙一般不应小于20mm，在清理、湿润以后分两次进行灌缝；第一次用1：2水泥砂浆灌30mm左右，第二次用C20细石混凝土将缝隙灌满，并捣实、压平。如果板缝过大，应加网片或钢筋，这样，不仅能增加楼面的整体性，也可防止板缝渗漏。

19. 为了使建筑物有较好的空间刚度和受力性能，要做好圈梁、墙体、楼板之间的连接，包括有阳台板的锚固筋、支承向板的锚固筋（即楼板搁置端）以及非支承向板的锚固筋等。

支承向板端锚固筋可用ϕ8钢筋放在板缝中，板端空隙应用C20细石混凝土灌实，如图3-6所示。非支承向板的锚固筋用于连接与楼板平行方向的小砌块砌体和楼板，锚固筋一般用ϕ8，间距不大于1200mm，非支承向楼板不允许进墙，以免削弱墙体局部承载力，如图3-6所示。

20. 砌块排列时应注意窗口的竖向灰缝不要正对窗角，以免窗口下两侧产生八字缝和垂直裂缝；另外，对窗台下墙体采取加强措施，设置水平钢筋网片或钢筋混凝土窗台板带。

【禁忌4】砌筑过程中墙体产生滑移、倒塌

【分析】

砌筑过程中墙体产生滑移，造成墙面不垂直，影响墙体的承载能力，严重的导致墙体倒塌。

原因分析如下：

1. 大雨天施工，由于小砌块吸水率很小，表面出现“浮水”，砌筑时易产生“走浆”现象，使墙体稳定性变差，并影响砌体的抗剪强度和灰缝砂浆饱满度。

2. 大雨天未对刚砌好的墙体进行遮盖，灰缝砂浆被雨水冲刷流失，导致墙体滑移。

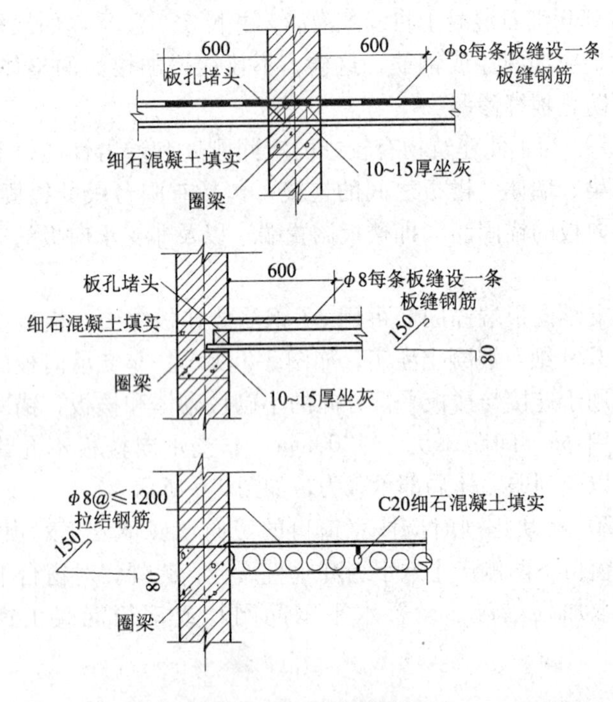

图 3-6 楼板锚固筋布置图

3. 小砌块墙体较轻，对稳定性差的独立柱和窗间墙未加临时支撑或未及时浇筑圈梁，遇大风墙体容易失稳，造成倒塌。

【措施】

1. 雨量为小雨及以上时，应停止砌筑，对已砌筑的墙体宜覆盖，以免雨水浸入；继续施工时，应复核墙体的垂直度，如果发现垂直度超过规范要求，应拆除重新砌筑。

2. 雨期施工时，对进入现场的砌块应采取防雨措施，如上面覆盖塑料薄膜或其他防水卷材。现场小砌块堆放要求，详见“本章禁忌3的措施4”。

3. 对稳定性较差的窗间墙和独立柱，在大风时应加设临时支撑或及时浇筑圈梁，以增加墙体的稳定性。

4. 当可能遇大风时，对墙和柱的允许自由高度进行控制：一般6~7级大风时，高度不宜超过1.4m；8级大风时，高度不宜超过1.1m；9级大风时，高度不宜超过0.7m。

【禁忌5】层高实际高度与设计高度的偏差过大

【分析】

1. 小砌块几何尺寸偏差超过规定，尤其是小砌块的高度和顶面相对两棱边的高低偏差值（即倾斜）过大。

2. 梁、圈梁、楼板等构件超厚、翘曲或搁置不平，导致找平层超厚。

3. 砂浆中有石块、硬物或水平灰缝超厚等导致砌块倾斜。

4. 楼面标高找平不准，或砌筑时误差过大；小砌块块体大，水平灰缝少，可供调整的机会和次数少。

5. 操作人员未按皮数杆标高进行砌筑，水平灰缝超厚。

【措施】

1. 砌筑前应根据小砌块、梁、板的规格和尺寸，计算砌块皮数，绘制皮数杆；砌筑时立皮数杆，控制每皮砌筑高度；而且应先砌转角砌块或定位砌体，再拉线控制其他小砌块的砌筑。对于原楼地面的标高误差，可在砌筑灰缝或圈梁、楼板找平层的允许误差内逐皮调整。

2. 每层楼面标高应从基准点正确引用，平整度应用水平仪找平，并用水泥砂浆或细石混凝土做好找平层。

3. 配制砌筑砂浆的原材料，必须符合质量要求；砌筑砂浆必须用砂过筛，将砂中的碎石和其他硬物筛除，并且控制铺灰厚度和长度。

4. 圈梁、楼板等预制构件安装时，除控制标高准确外，还应做好找平、坐灰浆等工作，尽可能减少安装过程中造成的不平整现象。

5. 加强对梁、楼板以及小砌块的验收工作，如果尺寸偏差过大或允许偏差超过要求时，应剔除，或在同一层或同一部位集中使用。

【禁忌6】混凝土小型空心砌块砌体的尺寸或位置偏差过大

【分析】

小砌块砌体的尺寸或位置偏差过大，可能会影响到砌体的整体性或砌体的承载能力，或造成其他质量问题。

【措施】

小砌块砌体的尺寸和位置的允许偏差，应符合现行行业标准《混凝土小型空心砌块建筑技术规程》(JGJ/T 14—2004）的规定，砌体的允许偏差不应超过表3-4的规定。施工中应加强技术复核和操作质量的检查，使偏差得到控制。

小砌块砌体尺寸和位置的允许偏差　　表3-4

序号	项　目	允许偏差（mm）	检验方法
1	轴线位置偏移	10	用经纬仪或拉线和尺量检查
2	基础和砌体顶面标高	±15	用水准仪和尺量检查

续表

序号	项目			允许偏差（mm）	检验方法
3	垂直度	每层		5	用线锤和2m托线板检查
		全高	≤10m	10	用经纬仪或重锤挂线和尺量检查
			>10m	20	
4	表面平整度	清水墙、柱		6	用2m靠尺和塞尺检查
		混水墙、柱		6	
5	水平灰缝平直度	清水墙10m以内		7	用10m拉线和尺量检查
		混水墙10m以内		10	
6	水平灰缝厚度（连续五皮砌块累计）			±10	与皮数杆比较，尺量检查
7	垂直灰缝宽度（水平方向连续五块累计）			±15	用尺量检查
8	门窗洞口（后塞口）	宽度		±5	用尺量检查
		高度		±5	
9	外墙窗上下窗口偏移			20	以底层窗口为准，用经纬仪或吊线检查

【禁忌7】蒸压砖和混凝土小型空心砌块未经停置就使用到砌体上

【分析】

灰砂砖、粉煤灰砖和混凝土小型空心砌块在生产制作后，早期收缩值大，如果立即用到工程上，墙体易产生收缩裂缝，影响砌体的承载力和整体性，而且墙体还会渗漏水。

【措施】

灰砂砖、粉煤灰砖和混凝土小型空心砌块自生产之日起，应放置一个月，之后才能用于工程上，这样可使其在停置阶段完成大部分早期收缩，有利于将墙体的裂缝消除。

【禁忌8】防潮层以上的砌体采用灰砂砖、粉煤灰砖或混凝土小型空心砌块时，用水泥砂浆砌筑

【分析】

灰砂砖、粉煤灰砖或混凝土小型空心砌块如果用水泥砂浆砌筑，抗剪强度下降较多，不利于砌体受力。

【措施】

防潮层以上的砌体，如采用灰砂砖、粉煤灰砖或混凝土小型空心砌块时，不能用水泥砂浆，应用水泥混合砂浆砌筑，有条件时可采用高粘结性能的专用砂浆，并应采取改善砂浆粘结性及和易性的措施。

【禁忌9】灰砂砖、粉煤灰砖和混凝土小型空心砌块的砌体日砌筑高度超过1.5m

【分析】

这些砖或砌块吸水（失水）速度慢，如果一次连续砌筑高度过大，墙体稳定性差，易产生变形等问题。

【措施】

灰砂砖、粉煤灰砖和混凝土小型空心砌块的砌体日砌筑高度不应超过一步脚手架高度或1.5m。

【禁忌10】雨天砌筑混凝土小型空心砌块

【分析】

在雨天施工，小砌块比较潮湿，甚至表面有浮水，使用这种小砌块砌筑墙体，易产生走浆现象，墙体稳定性差，且影响砌体抗剪强度和砂浆饱满度。

【措施】

1. 小砌块墙体严禁雨天施工，小砌块表面有浮水时，也不允许施工。

2. 小砌块砌筑时的含水率应为自然含水率；当天气干燥炎热时，可提前喷水湿润；轻集料小砌块应至少提前2d浇水湿润。

【禁忌11】混凝土小型空心砌块砌筑搭接长度小于90mm

【分析】

1. 错缝搭砌时搭接长度不足90mm，墙体整体性差，不利于受力和抗震。

2. 小砌块上部的肋较薄，底部的肋较厚，如果砌筑时其底部朝下放置，则不便于铺放砂浆，砂浆较少，质量较难保证。

【措施】

1. 小砌块墙体应孔对孔、肋对肋错缝搭砌。单排孔小砌块的搭接长度应为块体长度的1/2；多排孔小砌块的搭接长度可适当调整，但不宜小于小砌块长度的1/3，且不应小于90mm。

2. 墙体的个别部位不能满足上述要求时，应在灰缝中设置拉结钢筋或钢筋网片，但竖向通缝仍不得超过两皮小砌块。小砌块应将生产时的底面朝上反砌于墙体上。

【禁忌12】混凝土小型空心砌块砌体的转角和内外墙交接处没有同时砌筑

【分析】

小砌块砌体的转角处和内外墙交接处如果分段砌筑，则砌体整体抗震性能较差，不能满足设计要求。

【措施】

1. 小砌块砌体转角处和内外墙交接处应同时砌筑，临时间断处应砌成斜槎，斜槎水平投影长度不应小于斜槎高度。施工洞口可预留直槎，但在洞口砌筑和补砌时，应在直槎上下搭砌的小砌块孔洞内用强度等级不低于 C20（或 Cb20）的混凝土灌实。

2. 在非抗震设防地区，除外墙转角处外，应征得设计单位同意，并有相应技术措施后，方可留置直槎，从墙面伸出 200mm 砌成直槎，并沿墙高每隔 600mm 设 2ϕ6 拉结钢筋或钢筋网片。拉结钢筋或钢筋网片必须准确埋入灰缝或芯柱内，埋入长度从留槎处算起，每边均不应小于 600mm，外露部分不得随意弯折。

【禁忌 13】楼板在墙体砌筑过程中出现裂缝、断裂

【分析】

楼板在墙体砌筑过程中出现裂缝、断裂，甚至造成楼板坠落事故。

原因分析如下：

1. 在住宅和一般民用建筑设计中，楼面均布活荷载规定为 1.5 ~ 2.5kN/m^2；而小砌块虽然比砖轻，但是由于块体大，并且多用集装托板进行运输、堆放；一般在砌筑前将小砌块贮存在楼面，导致楼面施工荷载过大。

2. 一般情况下，墙体轴线附近要留出砌筑灰浆斗、脚手架的位置；而且塔吊在运输时，跨中装卸和堆放方便；因此造成砌块堆放不均匀，且常偏于楼板跨中，不利于楼板受力。

3. 小开间住宅建筑（或其他建筑）满堂搭设内脚手架时，脚手架上的负荷及其自重超过楼面设计的均布活荷载，而且是以集中荷载的形式传递给楼面。如果脚手架立柱布置不当，不利于楼板受力。

4. 预制楼板一般达到设计强度75%时，即可出厂安装，因此在施工阶段楼板的实际承载能力往往比设计的使用荷载低，而施工时往往是按设计强度等级，进行验算和使用。

5. 小砌块砌筑时，现浇楼板混凝土强度还未达到设计强度，板下支撑数量不足，无法满足施工荷载的要求。

6. 楼板在墙体上的搁置长度太小，使搁置点处楼板或墙体局部承压面过小，局部压力过大。

7. 砌体砌筑时，楼面整浇层尚未施工，甚至板缝也未灌满（或强度尚未达到设计要求），因此楼面没有形成整体，不能共同受力。

8. 在楼面上任意抛掷和倾倒小砌块，容易导致小砌块破碎和楼板损坏。

【措施】

1. 认真执行混凝土构件验收制度，即进场要有出厂合格证；验收合格的构件要做出标志，才允许使用；构件的混凝土强度未达到设计强度等级的75%，不允许安装。

2. 要严格按设计的楼面荷载和构件的实际强度情况控制施工荷载。小砌块吊至楼面后，要及时分散均匀堆放，并且尽可能靠近楼板搁置端。如果堆放不均匀时，应考虑将脚手板放置在楼板垂直于板缝的方向，使楼面施工荷载均匀分布到整个楼面。如果楼面施工荷载超过楼面设计荷载和构件的实际承载能力，应在楼面板底加设支撑。

3. 按设计的楼面活荷载和楼板的实际承载能力控制楼面

脚手架及堆放材料的荷载；尽可能减少在楼板跨中设脚手架立柱，以减小楼板跨中弯矩值；立柱下应设置垫木，尽可能将集中荷载分布到几块楼板上。

4. 不宜将现浇楼面下的模板支撑拆除，砌块堆放高度应根据楼板和支撑情况等因素进行计算后确定。

5. 楼板在墙上的搁置长度不应小于 80mm；如果不足时，应在板底加设临时支撑，待采取了有效的锚固措施后，才能将临时支撑撤掉。

6. 吊运梁、板、小砌块前，应检查吊装器具，并按规定吊运，不允许超载。

【禁忌 14】 墙体热工性能差

【分析】

1. 混凝土小砌块在住宅建筑中应用较多。我国南方地区夏天天气炎热，其特点是气温较高，太阳辐射强度较大，相对湿度也较大，持续的时间较长。建筑物在气温和太阳辐射的共同作用下，通过建筑物的屋面、门窗、外墙和扶梯间等各种途径，不断地向室内辐射热量，将大量的热量带进室内，导致室内过热。

2. 制作混凝土小砌块的原材料是以砂、石为集料的普通混凝土，其导热系数为 1.51W/(m·K)，是实心黏土砖导热系数的二倍；虽然小砌块有 40% 以上的空心率具有一定的保温性能，但是由于结构受力和抗震的要求，小砌块有一定宽度的混凝土肋；小砌块砌体的转角、丁字墙等节点部位均灌筑混凝土芯柱，形成热桥，影响外墙的保温性能。

3. 在严寒地区，砌筑没有采用保温砂浆，导致砌体灰缝跑冷。

4. 在寒冷地区，由于局部节点、局部结构的保温措施处理不妥（如梁、柱、楼板等部位），产生薄弱环节，容易形成贯通式“热桥”，甚至墙面结露。

【措施】

1. 采取适当的保温措施，使保温性能满足热工和节能要求。

（1）采用内保温，即在墙体内侧抹或贴保温材料，如抹保温砂浆、贴珍珠岩板、贴充气石膏板等。采用内保温时要注意在外露墙面的普通混凝土梁、柱、楼板、挑出的屋面板和阳台等产生“热桥”的部位，应在外侧同时采取抹保温砂浆或贴保温板等保温措施。

（2）在严寒地区可采用夹芯保温墙体，即在承重砌块和保温外墙之间填充高效保温材料，这种方法效果好，但成本高。

（3）寒冷地区采用外保温，在外墙粘贴保温板，如聚苯板、水泥聚苯板，再在外面做增强纤维饰面层；也可采用外保温复合墙，即在承重小砌块外侧砌加气砌块或其他装饰块材。

（4）从建筑设计上采取措施，改善建筑热工性能。对于寒冷地区有保温要求的建筑物，为减少建筑物的热损失，平面和空间布置应力求紧凑，尽可能缩小外围结构面积；主房间应布置在较好朝向，充分利用太阳的热量；为降低冷风渗透的热损失，阴面和迎风面尽可能布置次要房间，减少窗面积。

2. 在南方地区采取合适的隔热措施，使其隔热性能达到240mm 厚砖墙同样的隔热效果。

（1）南方炎热地区的建筑，平面和空间布置应力求避免大面积受烈日暴晒，防止出现大面积东、西向墙面及门窗；充分利用绿化遮荫；争取主导风向和室内穿堂风，以利于通风散热。

（2）采用多排孔砌块墙体，如厚度为240mm的三排孔小砌块的墙体，其隔热性能可以接近厚度为240mm的黏土砖墙。

（3）为了降低对太阳辐射热的吸收率，增加反射率，可以在外墙面的外表结合装饰要求，采用浅色或刷白处理等方法。

（4）炎热地区东、西、北三面的外墙，应根据情况采取隔热措施，如小砌块孔洞中填炉渣、泡沫粉煤灰等，或砌筑复合砌体、粘贴隔热材料，也可在外墙的外侧做外挂隔热通风层。

附录　混凝土小型空心砌块砌体工程质量检验与验收

混凝土小型空心砌块砌体工程质量检验与验收　附表 3-1

项目		质量合格标准	检验方法	抽检数量
主控项目	小砌块和芯柱混凝土、砌筑砂浆的强度等级	小砌块和芯柱混凝土、砌筑砂浆的强度等级必须符合设计要求	每一生产厂家，每1万块小砌块为一验收批，不足1万块按一批计，抽检数量为1组；用于多层以上建筑的基础和底层的小砌块抽检数量不应少于2组 砂浆试验：每一检验批且不超过250m³砌体的各类、各强度等级的普通砌筑砂浆，每台搅拌机应至少抽检一次。验收批的预拌砂浆、蒸压加气混凝土砌块专用砂浆，抽检可为3组	检查小砌块和芯柱混凝土、砌筑砂浆试块试验报告
	砌体灰缝	砌体水平灰缝和竖向灰缝的砂浆饱满度，按净面积计算不得低于90%	每检验批抽查不应少于5处	用专用百格网检测小砌块与砂浆粘结痕迹，每处检测3块小砌块，取其平均值

续表

项目		质量合格标准	检验方法	抽检数量
主控项目	砌筑留槎	墙体转角处和纵横交接处应同时砌筑，临时间断处应砌成斜槎，斜槎水平投影长度不应小于斜槎高度。施工洞口可预留直槎，但在洞口砌筑和补砌时，应在直槎上下搭砌的小砌块孔洞内用强度等级不低于C20（或Cb20）的混凝土灌实	每检验批抽查不应少于5处	观察检查
	小砌块砌体的芯柱	小砌块砌体的芯柱在楼盖处应贯通，不得削弱芯柱截面尺寸；芯柱混凝土不得漏灌	每检验批抽查不应少于5处	观察检查
一般项目	墙体灰缝尺寸	墙体的水平灰缝厚度和竖向灰缝宽度宜为10mm，但不应小于8mm，也不应大于12mm	每检验批抽查不应少于5处	水平灰缝厚度用尺量5皮小砌块的高度折算；竖向灰缝宽度用尺量2m砌体长度折算
	小砌块砌体尺寸、位置的允许偏差	小砌块砌体尺寸、位置的允许偏差应按附表2-2的规定执行	见附表2-2	见附表2-2

第4章　石砌体工程

【禁忌1】石材材质差

【分析】

石材的岩种和强度等级不符合设计要求；料石表面色差大、色泽不均匀；疵斑较多；石材外表有风化层，内部有隐裂纹。

原因分析如下：

1. 石料未按设计要求采购。

2. 材质证明未按规定检查。

3. 外观质量检查马虎，以至于混入风化石等不合格品。

4. 采石场石材等级分类不清，优劣大小混杂。石材实际质量与材质证明不一致。

【措施】

1. 按施工图规定的石材质量要求采购。

2. 认真按规定检查材质证明或试验报告，必要时应抽样复验。

3. 加强石材外观质量的检查验收，风化石等不合格品不允许进场。

4. 强度等级不符合要求或质地疏松的石材应予以更换。

5. 已进场的个别石块，如果表面有局部风化层，应凿除后才能砌筑。

6. 色泽差和表面疵斑的石块，不砌在裸露面。

【禁忌2】石块形状不良、偏差过大，表面污染

【分析】

未按照石材质量标准和施工规范的要求采购、验收，运输、装卸方法和保管不当。

产生问题如下：

1. 毛石形状过于扁薄、细长和尖锥。

2. 料石长度太小；料石表面凹入深度大于施工规范的规定。

3. 卵石大小差别过大，外观呈针片状，长厚比大于4。

4. 石材表面有油污或泥浆。

【措施】

1. 认真学习和掌握石材质量标准的规定。按规定的质量要求采购、订货。

2. 对于经过加工的料石装卸、运输和堆放贮存时，均应有规则地叠放。为防止运输过程中损坏，应用草绳或竹木片隔开。

3. 各种料石的宽度、厚度均不宜小于200mm，长度宜大于厚度的4倍，料石各面加工要求及允许偏差见表4-1和表4-2。石材进场应认真检查验收，杜绝不合格品进场。

料石各面的加工要求　　表4-1

项次	料石种类	外露面及相接周边的表面凹入深度（mm）	叠砌面和接砌面的表面凹入深度（mm）
1	细料石	≤2	≤10
2	半细料石	≤10	≤15
3	粗料石	≤20	≤20
4	毛料石	稍加修整	≤25

注：1. 相接周边的表面系指叠砌面、接砌面与外露面相接处20～30mm范围内的部分。

2. 如设计对外露面有特殊要求，应按设计要求加工。

料石加工的允许偏差　　表4-2

项次	料石种类	允许偏差	
		宽度、厚度（mm）	长度（mm）
1	细料石、半细料石	±3	±5
2	粗料石	±5	±7
3	毛料石	±10	±15

注：如设计有特殊要求，应按设计要求加工。

4. 贮存石材的堆场场地应坚实，排水良好，以免泥浆污染。

5. 少量尺寸、形状不良的石块在砌筑前进行再加工。

6. 清洗被泥浆污染的石块。对石材表面的铁锈斑可用2%～3%的稀盐酸或3%～5%磷酸溶液涂刷石面2～3遍，然后用清水冲洗干净。

【禁忌3】地基松软不实，毛石局部嵌入土内

【分析】

1. 未认真验槽、检查基底土质就进行清理找平和夯实，基底有软弱土层、浮土积水、杂物等。

2. 砌基础时，未铺灰坐浆，即将石头单摆浮搁在基土上。

3. 底皮石头过小，未将大面朝下，导致个别尖棱短边挤入土中。

4. 砌完基础未及时回填土，地基被雨水浸泡，导致基础、墙体下沉。

【措施】

坚持做好验槽工作，土质不合要求，要认真进行处理；砌基础前将底面清理干净，并夯实平整；顶皮石材应选用块体较直、长的，上部用水泥砂浆找平；底皮石材应选用块体较大的石头，将大面朝下；砌完基础应及时回填土，两侧应同时进行，逐层逐皮夯实，防止灌水，引起基础、墙体下沉。

【禁忌4】毛石墙组砌不良

【分析】

1. 石块体形过小，导致砌筑时压搭过少。

2. 砌筑时没有针对已有砌体状况，选用了不适当体形的石块。

3. 砌筑前未对形状不良的石块加工。

4. 石块砌筑方法不正确，导致墙体稳定性降低，如图4-1所示。

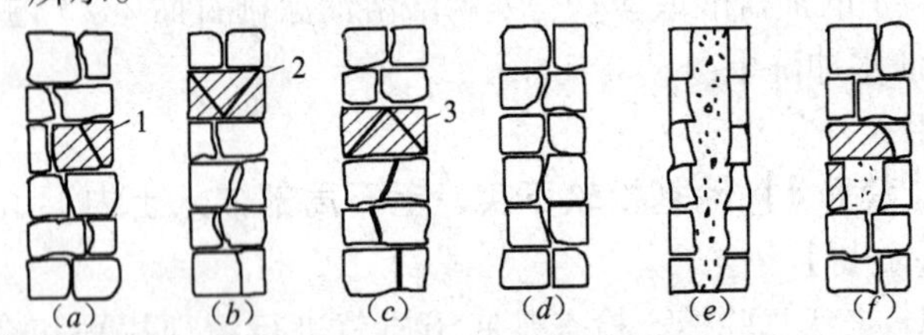

图4-1　砌筑方法不正确

(a) 翻楂面；(b) 斧刃面；(c) 铲口面；(d) 双合面；(e) 填心；(f) 桥式

1—翻楂石；2—斧刃石；3—铲口石

【措施】

1. 应用锤将毛石过分凸出的尖角部分打掉；斧刃石（刀口石）必须加工后，才能砌筑。

2. 应将大小不同的石块搭配使用，不得将大石块全部砌在外面，而墙心用小石块填充。

3. 毛石砌体宜分皮卧砌，各皮石块应利用自然形状经修凿使之能与先砌石块错缝搭砌。

4. 毛石砌体的第一皮及转角处、交接处和洞口处，应用较大的平毛石砌筑。

5. 砌乱毛石墙时，毛石宜平砌，不宜立砌。每一石块要与上下、左右的石块有叠靠，与前后的石块有交搭，砌缝要错开，使每一石块既稳定又与其四周的其他石块交错搭接，不能有孤立、松动的石块。

6. 毛石砌体必须设置拉结石。拉结石应均匀分布，相互错开，每0.7m^2 墙面至少设置一块，且同皮内的中距不应大于2m。拉结石的长度，当墙厚≤400mm时，应与墙厚相等，当墙厚大于400mm，可用两块拉结石内外搭接，搭接长度不应小于150mm，且其中一块长度不应小于墙厚的2/3。

7. 对于错缝搭砌和拉结石设置不符合规定的毛石墙，应及时局部修整重砌。

8. 墙体两侧表面形成独立墙，并在墙厚方向无拉结的毛石墙，其承载力低，稳定性差，在水平荷载作用下极易倾倒，因此，必须返工重砌。

【禁忌5】石块粘结不牢

【分析】

1. 石块表面有风化层剥落，或表面有泥垢、水锈等，影响石块与砂浆的粘结。

2. 毛石砌体不用铺浆法砌筑，有的采用先铺石、后灌浆的方法，还有的采用先摆碎石块后塞砂浆或干填碎石块的方法。这些均可导致砂浆饱满度低，石块粘结不牢。

3. 料石砌体采用有垫法（铺浆加垫法）砌筑，砌体以垫片（金属或石）来支承石块自重和控制砂浆层厚度，当砂浆凝固后会产生收缩，料石与砂浆层之间形成缝隙。

4. 砌筑砂浆凝固后，碰撞或移动已砌筑的石块。

5. 砌体灰缝过大，砂浆收缩后形成缝隙。

6. 毛石砌体当日砌筑高度过高。

【措施】

1. 石砌体采用的石材应质地坚实，无风化剥落和裂纹。石材表面的泥垢、水锈等杂质，砌筑前应清除干净。

2. 石砌体应采用铺浆法砌筑。砂浆必须饱满，其饱满度应大于80%。

3. 毛石墙砌筑时，平缝应先铺砂浆，后放石块，禁止不先坐灰而由外面向缝内填灰的做法；竖缝必须先刮碰头灰，然后从上往下灌满竖缝砂浆。

4. 毛石墙石块之间的空隙（即灰缝）≤35mm时，可用砂浆填满；>35mm时，应用小石块填稳填牢，同时填满砂浆，不得留有空隙。严禁用成堆小石块填塞。

5. 料石砌筑不得采用先加垫后塞砂浆的砌法，即先用垫片按灰缝厚度将料石垫平，再将砂浆塞入灰缝内。也不准用先铺浆后加垫，即先按灰缝厚度铺上砂浆，再砌石块，最后用垫片来调整石块的位置。

6. 砌筑砂浆凝固后，不得再碰撞或移动已砌筑的石块。如果必须移动，再砌筑时，应将原砂浆清理干净，重新铺砂浆。

7. 按施工规范要求控制砂浆层厚度。有关规定如下：

毛石砌体外露面的灰缝厚度不宜大于40mm；毛料石和粗料石的灰缝厚度不宜大于20mm；细料石的灰缝厚度不宜大于5mm。

8. 毛石砌体每日的砌筑高度不应超过1.2m。

9. 当出现石块松动，敲击墙体听到空洞声，以及砂浆饱满度严重不足时，这些情况将大大降低墙体的承载力和稳定性，因此必须返工重砌。

表4-3列出了砂浆饱满度与砌体抗压强度的关系。

砂浆饱满度与砌体抗压强度的关系 表4-3

砂浆饱满度	相对强度（%）	砂浆饱满度	相对强度（%）
50	64	75	97
80	100	95	121.4

注：1. 施工质量验收规范要求水平灰缝饱满度达到80%，故以此时的强度作为100%。
2. 表中数据是根据料石砌体试验而得。

对个别松动石块或局部小范围的空洞，也可采用将缝隙内的砂浆局部掏去，重新用砂浆填实。

【禁忌6】墙面垂直度及表面平整度误差过大

【分析】

1. 砌墙未挂线。砌乱毛石时，石块的平整大面未放在正面。

2. 砌乱毛石墙时，外表面全部用大石块，里面全部用小石块，以致墙里面灰缝过多，造成墙面向内倾斜。

3. 砌筑时未随时检查砌体表面的垂直度，以至于出现偏差后，未能及时纠正。

4. 在浇筑混凝土构造柱或圈梁时，墙体未采取必要的加固措施，以至于将部分石砌体挤动变形，造成墙面倾斜。

【措施】

1. 砌筑时必须认真跟线。在满足墙体里外皮错缝搭接的前提下，尽可能将石块较平整的大面朝外砌筑。蛋形、球形、粽子形或过于扁薄的石块未经修凿不得使用。

2. 砌乱毛石墙时，大小不同石块应搭配使用。禁止外表面全用大石块和里面用小石块填心的做法。

3. 砌筑中对墙面垂直度进行检查，发现偏差过大时，及时纠正。

4. 浇筑混凝土构造柱和圈梁时，必须将支撑固定好。混凝土应分层浇灌，振捣不过度。

5. 表面严重凹凸不平影响外观时，应返修或修凿处理。

6. 墙面垂直度偏差过大，影响承载力和稳定性，应返工重砌。个别检查点的垂直度偏差超出规定不多，又不便处理时，可不作处理。

【禁忌7】石砌体的尺寸和位置偏差过大

【分析】

砂浆初凝后，如果再碰撞或移动已砌筑的石块，会破坏砂浆的内部及砂浆与石块的粘结面已形成的粘结力，降低砌体强度。

【措施】

石砌体作业时，当砂浆初凝后，不得再碰撞或移动已砌筑的石块。如果此时必须碰撞或移动了已砌筑的石块，应将原砂浆清理干净，重新铺浆砌石。

【禁忌8】墙体标高误差过大

【分析】

1. 砌料石墙时，未按规范规定设置皮数杆；或皮数杆画法或计算错误，标记不清。

2. 皮数杆安装的起始标高不准；皮数杆固定不牢固，错位变形。

3. 砌筑时，未按皮数杆控制层数。

4. 乱毛石墙分层高度控制失误，或没有分层（皮）砌筑。

【措施】

1. 画皮数杆前，应根据图纸要求，石块厚度和灰缝最大厚度限值，计算确定适宜的灰缝厚度。当无法满足设计标高的要求时，应及时办理技术核定。

2. 立皮数杆前先测出所砌部位基面标高误差。当第一层灰缝厚度大于20mm时，应用细石混凝土铺垫。

3. 皮数杆标记要清楚，安装标高要准确，安装应牢固，经过逐个检查合格后才能砌筑。

4. 砌筑时应按皮数杆拉线控制标高。

5. 砌筑料石墙时，砂浆铺设厚度应略高于规定灰缝厚度值，其高出厚度：细料石、半细料石宜为3~5mm；粗料石、毛料石宜为6~8mm。

6. 砌乱毛石墙接近平口时，应先量好离平口处尚有多高，然后选择大小和厚度适当的石块砌筑，以控制标高准确，墙顶面基本平整，个别低凹处不得超过规定值20mm。

7. 在墙体第一步架砌完前，应弹（画）出地面以上50cm线，用来检查复核墙体标高误差。发现误差应在本步架标高内予以调整。

【禁忌9】毛料石挡土墙组砌不良

【分析】

未执行施工规范和操作规程的有关规定，未按设计要求和石料的实际尺寸，预先计算确定各段应砌皮数和灰缝厚度。

产生问题如下：

1. 上下两层石块搭接长度太少或不错缝搭接。

2. 采用同皮内全部丁砌或顺砌时，丁砌层层数太少。

3. 同皮内采用丁顺相间组砌时，丁砌石数量太少（中心距过大）。

4. 阶梯形挡土墙各阶梯的标高和墙顶标高偏差过大。

【措施】

1. 毛料石挡土墙应上下错缝搭砌。阶梯形挡土墙的上级阶梯料石至少压砌下阶梯料石宽的1/3。

2. 毛料石挡土墙厚度等于或大于两块石块宽度时，如同皮内全部采用顺砌，每砌两皮后，应砌一皮丁砌层。

3. 如同皮内采用丁顺组砌，丁砌石应交错设置，其中心间距不应大于2m。

4. 按设计要求、石料厚度和灰缝允许厚度的范围，预先计算出砌完各段、各皮的灰缝厚度，如果上述三项要求不能同时满足时，应提前办理技术核定或设计修改。

【禁忌10】挡土墙里外层拉结不良

【分析】

挡土墙里外两侧用毛料石，中间填砌乱毛石，两种石料间搭砌长度不足，甚至未搭砌，形成里、中、外三层砌体。

原因分析如下：

1. 砌毛料石时，拉结石数量太少、长度太短或未砌拉结石。

2. 中间的乱毛石部分不是分层砌筑，而是采用抛投方法填砌。

【措施】

1. 毛石与料石组砌的挡土墙中，毛石与料石应同时砌筑，并每隔2~3皮料石层用丁砌层与毛石砌体拉结砌合。丁砌料石的长度宜与组合墙厚度相同。

2. 采用分层铺灰分层砌筑的方法，禁止采取投石填心的做法。

3. 毛石与料石组砌的挡土墙，宜采用同皮内丁顺相间的组合砌法，丁砌石的间距不大于1～1.5m。中间部分砌筑的乱毛石必须与料石砌平，保证丁砌料石伸入毛石部分的长度不应小于200mm。

【禁忌11】挡土墙后积水

【分析】

挡土墙身未留泄水孔，或泄水孔堵塞，或墙后泄水孔口漏做疏水层，或排水坡度不够，墙后土中积水严重，挡土墙同时挡土和水，内力明显加大，导致墙体开裂、倾斜变形，甚至倒塌。

原因分析如下：

1. 未按图纸要求留设泄水孔；或留孔方法错误导致堵塞。

2. 未按施工规范规定或图纸要求铺设疏水层。

3. 墙体内侧未按规定做出泛水坡度，墙根处残留的土和施工材料未清理。

【措施】

1. 砌筑挡土墙时应按设计要求留设泄水孔。泄水孔宜采用抽管方法留置，并随时检查其是否畅通，如果出现堵塞，应及时疏通或返修。

2. 墙后回填土中，应在泄水孔口及附近范围作疏水层，当设计无具体规定时，泄水孔与土体间铺设长宽各为300mm、厚200mm的卵石或碎石作疏水层，以利于土内积水沿着泄水孔排出。

3. 挡土墙顶土面应有适当坡度，使地表水流向挡土墙外侧面。

4. 由于墙后积水不能顺利排除，挡土墙产生开裂、变形，但无倾倒危险者，可及时疏通泄水孔，如果泄水仍不通畅，则应将墙后填土挖除，检查是否留有漏做疏水层等隐患，针对发现的问题采取相应的返修措施。

5. 当墙身倾斜严重，可能导致倒塌时，应划出安全警戒区，并及时将墙后填土挖除减载，以免事故恶化，然后与有关方再商定处理方法。

【禁忌 12】石砌体挡土墙没有设置泄水孔

【分析】

如果挡土墙不设置泄水孔，地面水会渗入基础，造成基础沉陷或墙体倒塌。地面水排泄不及时，增加了对挡土墙的侧向压力。

【措施】

石砌挡土墙应设置泄水孔，当设计无规定时，泄水孔施工应符合下列规定：

1. 泄水孔应均匀设置，在每米高度上间隔 2m 左右设置一个泄水孔。

2. 泄水孔与土体间铺设长宽各为 300mm、厚 200mm 的卵石或碎石作疏水层。

【禁忌 13】石砌体勾缝砂浆粘结不牢

【分析】

勾缝砂浆与砌体结合不良，甚至开裂和脱落，严重时造成渗水漏水。

原因分析如下：

1. 砌筑或勾缝砂浆所用砂子含泥量过大，影响砂浆和石材间的粘结。

2. 砌体的灰缝过宽，勾缝时采取一次成活的做法，勾缝砂浆由于自重过大而引起滑坠开裂。当勾缝砂浆硬结后，由于湿气或雨水渗入更促使勾缝砂浆从砌体上脱落。

3. 勾缝砂浆水泥含量过大，养护不及时，发生干裂脱落。

4. 砌石过程中未及时刮缝，影响勾缝挂灰。从砌石到勾缝，其间停留时间过长，勾缝前未将灰缝内的积灰清扫干净。

【措施】

1. 应严格掌握勾缝砂浆配合比（宜用 1∶1.5 水泥砂浆），宜使用中粗砂，禁止使用不合格的材料。

2. 勾缝砂浆的稠度一般控制在 4～5cm。

3. 平缝应顺石缝进行，缝与石面抹平，凸缝应分两次勾成。

4. 勾缝前应进行检查，如果有孔洞应填浆加塞适量石块修补，并先洒水湿缝。刮缝深度宜大于 2cm。

5. 勾缝后早期应洒水养护，防止干裂、脱落，个别缺陷要返工修理。

6. 凡勾缝砂浆严重开裂或脱落处，应铲除勾缝砂浆，按要求重新勾缝。

【禁忌 14】勾缝形状不符合要求

【分析】

未按设计要求和施工规范规定施工，操作马虎。

产生问题如下：

1. 勾缝表面比石材面低，缝深浅不一致、搭接不平整。

2. 石墙表面污染严重。

3. 毛石墙勾缝与自然砌合缝不一致，料石墙勾缝横平竖直偏差过大。

【措施】

1. 墙面勾缝应深浅一致、搭接平整并压实抹光，不得有开裂、丢缝等缺陷。

2. 勾缝完毕，应将墙面清扫干净。

3. 当设计无特殊要求时，石墙勾缝应采用平缝或凸缝。毛石墙勾缝应保持砌合的自然缝；料石墙缝应横平竖直。

【禁忌 15】毛石护坡不严实

【分析】

毛石铺砌方法错误，导致护坡开裂、变形。

原因分析如下：

1. 毛石形状不良，铺砌前又未再修凿。

2. 铺砌操作不认真。

【措施】

毛石护坡必须砌筑严密，其构造如图 4-2 所示。

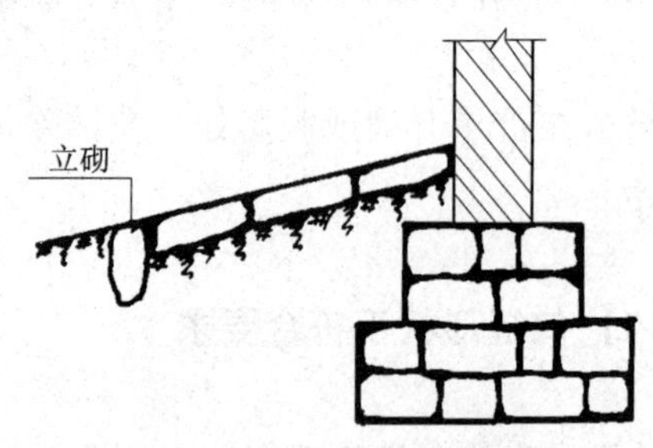

图 4-2　毛石护坡示意图

铺砌时，先将石块立砌在护坡外口，埋入土中，使上口保持平整，然后铺砌坡面乱石，缝口保持在 3.5cm 以内，并立即勾缝。勾缝前应刮入 2cm，勾缝后将上口抹平。

【禁忌16】护坡卵石铺放不当

【分析】

单皮卵石护坡砌筑中，卵石的长面与坡面不垂直，如图4-3所示。

原因分析如下：

单皮卵石护坡砌筑过程中，操作人员只图方便而错误地采取平砌方法操作。这种做法的害处是：随着护坡高度的增长，荷载也加大，此时卵石容易产生水平方向的滑动，甚至被拱出。

【措施】

应根据护坡层厚度选用厚度相当的扁平状卵石。严禁采用双层叠砌，卵石长面应垂直于坡面，如图4-4所示，从护坡平面上看，同一层石块大小应一致，应采取直立或人字形咬砌方法使石块互相镶嵌紧密，如图4-5所示。

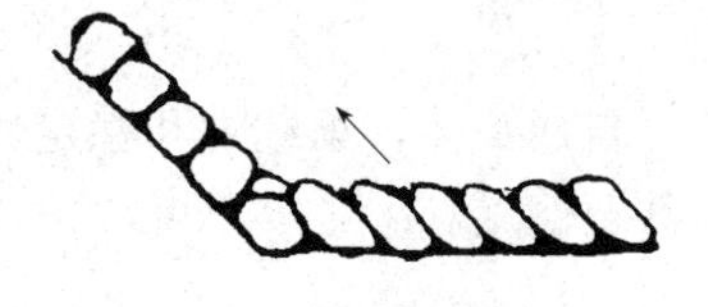

图4-3　护坡错误砌法

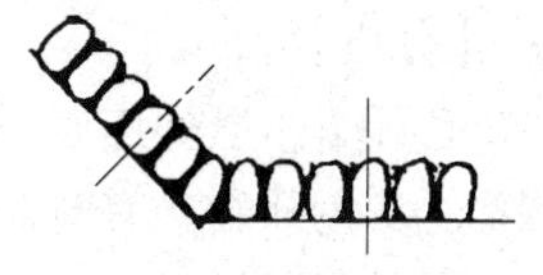

图4-4　护坡正确砌法

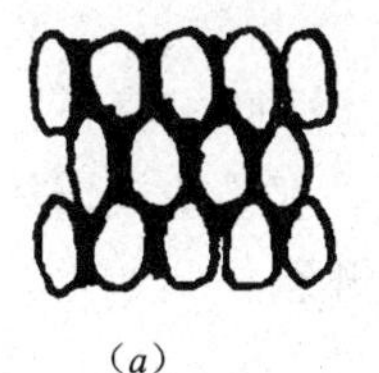

(a)

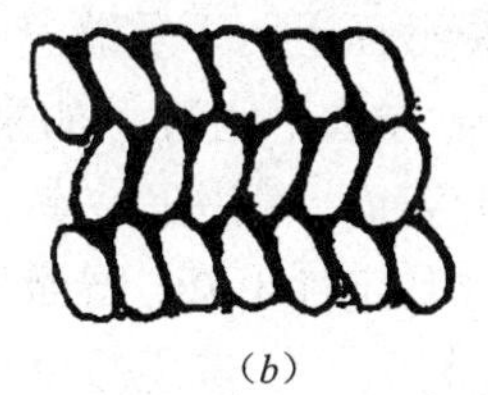

(b)

图4-5　错开立砌和人字形立砌

(a) 错开立砌；(b) 人字形立砌

【禁忌17】乱毛石墙体上下各皮石通缝

【分析】

1. 墙体采用交错组砌方式，忽视了上下、左右、前后的搭砌，砌缝未错开；在墙角处未改变砌法。

2. 施工间歇留槎不正确，未按规定留踏步形斜槎，而留马牙形直槎。

【措施】

做好石块的挑选工作，注意石块上下、左右、前后的交错搭砌，必须将砌缝错开，禁止重缝；在墙角部位应该为丁顺叠砌；施工间歇或流水作业需要留槎时，应留斜槎，槎口不应小于其长度或宽度的一半，留槎高度每次1m左右为宜；应将垂直通缝拆除重砌。

【禁忌18】里外两层皮

【分析】

毛石墙体里外皮互不连续，自成一体，承载力和稳定性下降，发生开裂，有时倾斜，甚至倒塌。

原因分析如下：

1. 选用毛石尺寸过小，每皮石块压搭过少，未设拉结石，导致横截面上、下重缝。

2. 砌砖方法不正确，如采用过桥型、填心、双合面砌法，以及斧刀面、翻槎面、铲口面，都易造成墙体里外两层皮，使墙体稳定性下降，导致墙体开裂。

【措施】

要注意大小块石搭配使用，立缝要小，空隙用小块石堵塞密实，以免四碰头，即平面上四块石块形成十字缝；砌筑每皮石块时要隔一定距离，丁砌一块拉结石，且上下皮错开形成梅花形，当墙厚400mm以上时，可用两块拉结石内外搭接，搭接长度不小于150mm，且其中一块长度不应小于基础宽度或墙厚的2/3；采用铺浆法砌筑，每块石头上下应叠靠，前后石块有搭接，接砌缝要错开，排石应稳固，防止平面十字缝。

【禁忌19】墙体表面里出外进凹凸不平

【分析】

1. 砌墙时未挂线；砌乱毛石时未精心挑选，使平整大面摆放在正面。

2. 浇石砌体上部组合柱或圈梁时，挤出石砌体，导致墙面不平。

【措施】

砌墙时认真跟线，并把较方、大的一面朝外，不能使用扁形、球形、椭圆形或粽子形石块，浇灌混凝土组合柱或圈梁时必须加好支撑，要坚持分层浇灌制度，以免振捣过度。

附录 石砌体工程质量检验与验收

石砌体工程质量检验与验收 附表 4-1

项目		质量合格标准	检验方法	抽检数量
主控项目	石材和砂浆强度等级	石材及砂浆强度等级必须符合设计要求	料石检查产品质量证明书，石材、砂浆检查试块试验报告	同一产地的同类石材抽检不应少于1组 砂浆试验：每一检验批且不超过 $250m^3$ 砌体的各类、各强度等级的普通砌筑砂浆，每台搅拌机应至少抽检一次。验收批的预拌砂浆、蒸压加气混凝土砌块专用砂浆，抽检可为3组
	砂浆饱满度	砂浆饱满度应不小于80%	观察检查	每步架抽查应不少于1处
一般项目	石砌体尺寸、位置允许偏差及检验	石砌体尺寸、位置的允许偏差及检验应符合附表4-2的规定	见附表4-2	每检验批抽查不应少于5处
	石砌体组砌	石砌体的组砌形式应符合下列规定： 1）内外搭砌，上下错缝，拉结石、丁砌石交错设置 2）毛石墙拉结石每 $0.7m^2$ 墙面应不少于1块	观察检查	每检验批抽查不应少于5处

石砌体尺寸、位置的允许偏差及检验方法　附表 4-2

项目		允许偏差（mm）							检验方法
		毛石砌体		料石砌体					
		基础	墙	毛料石		粗料石		细料石	
				基础	墙	基础	墙	墙、柱	
轴线位置		20	15	20	15	15	10	10	用经纬仪和尺检查，或用其他测量仪器检查
基础和墙砌体顶面标高		±25	±15	±25	±15	±15	±15	±10	用水准仪和尺检查
砌体厚度		+30	+20 −10	+30	+20 −10	+15	+10 −5	+10 −5	用尺检查
墙面垂直度	每层	—	20	—	20	—	10	7	用经纬仪、吊线和尺检查或用其他测量仪器检查
	全高	—	30	—	30	—	25	20	
表面平整度	清水墙、柱	—	—	—	20	—	10	5	细料石用 2m 靠尺和楔形塞尺检查，其他用两直尺垂直于灰缝拉 2m 线和尺检查
	混水墙、柱	—	—	—	20	—	15	—	
清水墙水平灰缝平直度		—	—	—	—	—	10	5	拉 10m 线和尺检查

第5章 配筋砌体工程

【禁忌1】配筋砌体抗压强度低

【分析】

配筋砌体抗压强度低，墙面出现裂缝和局部压碎现象，无法满足设计要求，影响房屋的安全，严重的造成房屋倒塌。

原因分析如下：

1. 配筋砌体的抗压强度取决于混凝土小砌块和灌芯混凝土强度；小砌块强度或灌芯混凝土强度达不到设计要求，导致砌体强度达不到设计值。

2. 设计的灌芯混凝土强度等级与小砌块强度等级不匹配。虽然混凝土和小砌块分别达到设计强度的要求，但砌体强度达不到设计强度。例如小砌块设计强度要求偏低，导致小砌块在未达到砌体强度要求前，较灌芯混凝土先破坏，造成砌体未达到设计强度就破坏，芯柱混凝土未充分发挥作用。

3. 小砌块组砌不合理，没有全部做到孔对孔、肋对肋、错缝搭接，使灌芯混凝土无法贯通。

4. 小砌块配筋砌体内水平和垂直方向都配有钢筋，施工较困难，如果灌芯混凝土性能不好、坍落度小、保水性差等，使灌芯混凝土不容易浇捣密实，出现空洞现象。

5. 灌芯混凝土有灰渣层，影响芯柱的局部强度。

【措施】

1. 灌芯混凝土强度与小砌块强度要相匹配，应通过砌体抗压强度试验来确定灌芯混凝土和小砌块各自的最佳设计强度值。

2. 灌芯混凝土的配合比应根据施工现场经验和试验室试配来设计；试配值应根据混凝土强度试验和砌体试验来确定。混凝土要求有良好的性能，即要求坍落度大，一般为250±20mm，坍落度损失小，流动性好；保水性、粘聚性良好，无离析，泌水少。另外，混凝土28d强度不仅要达到设计强度要求，并要有一定的强度保证率，长期强度稳定，不回缩，与钢筋粘结牢固，与小砌块共同工作性能良好。

3. 为了使灌芯混凝土有良好性能，混凝土应掺入外加剂；搅拌混凝土时宜采用后掺外加剂的工艺。后掺外加剂可更有效的起到减水作用，在用水量不变的情况下坍落度可增加50mm，并且保水性良好，粗集料与水泥砂浆无离析；在坍落度相同的情况下，后掺外加剂混凝土强度有明显提高。因此搅拌混凝土时，应先放石子，后放水泥、粉煤灰和砂子，加水搅拌2～3min，再加外掺剂搅拌2～3min，然后出料。

4. 由于小砌块孔洞小，又放置水平和垂直钢筋，混凝土坍落度小灌实困难；因此保证混凝土的坍落度显得很重要，在搅拌混凝土过程中要增加检查混凝土坍落度的次数，发现偏差要及时更正。

5. 首先砌完一个楼层后，再浇筑灌芯混凝土，并分两次连续浇筑，第一次浇至窗台顶面，第二次浇至顶皮砌块面下10mm，采用微型插入式振动器逐孔振捣，以便于浇筑和保证灌芯混凝土密实。

6. 配筋砌体的小砌块排列不同于一般小砌块建筑，一定要保证上下皮小砌块孔对孔、肋对肋、错缝搭接；当块型不符合要求，小砌块无法排列时，墙体空缺部分需另支模板，用现浇混凝土填充，与灌芯混凝土一起浇筑。如果小砌块模数不符，可在墙的端头采用支模现浇的方法。

7. 当采用有现浇混凝土水平带的小砌块配筋砌体时，为确保小砌块竖缝能够灌实，竖缝中间不能有砂浆夹渣阻塞，因此宜采用在小砌块端头披头缝上墙的砌筑方法。即在小砌块端头的两侧竖肋上抹浆，而不是满抹砂浆，在砌上墙后，要随砌随即清除竖缝中的多余砂浆，只要求确保竖缝两侧肋上砂浆饱满，中间不能留有砂浆；但砌体也应无空头缝和瞎眼缝。

8. 配筋砌体使用的砂浆要求流动性低、粘结性好、和易性好、保水性强和强度高（一般在 M20 以上），宜选用保水塑化材料代替传统的石灰膏，以减少由于石灰膏计量不准而产生砂浆强度的波动。

【禁忌 2】配筋砌体中的钢筋遗漏和锈蚀

【分析】

操作时配筋砌体（水平配筋）中的钢筋未按设计规定放置或漏放；配筋砖缝中砂浆不饱满，年久钢筋严重锈蚀而失去作用。以上两种情况会使配筋砌体强度大幅度降低。

原因分析如下：

1. 配筋砌体钢筋漏放，主要是管理不善操作时疏忽导致的。

2. 配筋砌体灰缝厚度不够，尤其当同一条灰缝中有的部位（如窗间墙）有配筋，而有的部位无配筋时，如皮数杆灰缝按无配筋砌体画制，造成配筋部位灰缝厚度偏小，使配筋在灰缝中没有保护层，或局部未被砂浆包裹，导致钢筋锈蚀。

【措施】

1. 砌体中的配筋与混凝土中的钢筋一样，都属于隐蔽工程项目，应加强检查，并填写检查记录、存档。施工中，对所砌部位需要的配筋应一次备齐，以便于检查是否有遗漏。砌筑时，作为配筋标志，配筋端头应从砖缝处露出。

2. 配筋应采用冷拔钢丝点焊网片，砌筑时应适当增加灰缝厚度（以钢筋网片厚度上下各有2mm保护层为宜）。如果同一标高墙面有配筋和无配筋两种情况，可分画两种皮数杆，一般配筋砌体最好为外抹水泥砂浆混水墙，以便于不影响墙体的美观。

3. 为保证砖缝中钢筋保护层的质量，应先将钢筋网片刷水泥净浆。放置网片前，应用砂浆填实底面砖层的横竖缝，以增强砌体强度，同时也能避免铺浆砌筑时砂浆掉入竖缝中而出现露筋现象。

4. 配筋砌体一般使用强度等级较高的水泥砂浆，为了使挤浆严实，禁止用干砖砌筑。应满铺满挤，使砂浆能很好地包裹钢筋。

5. 如果有条件，可在钢筋表面涂刷防腐涂料或防锈剂。

【禁忌3】构造柱采用先浇柱后砌墙的施工程序，交接处无任何连接措施

【分析】

先浇柱后砌墙，交接处无任何连接措施，使构造柱与砌体无可靠连接，构造柱不能充分发挥作用，影响建筑物的抗震性能。

【措施】

1. 按先砌墙后浇柱的施工程序进行施工。

2. 构造柱与墙体的连接处应砌成马牙槎，如图5-1所

示，从每层柱脚开始，先退后进，每一马牙槎沿高度方向的尺寸不应超过300mm，且应沿高每500mm设置2ϕ6水平拉结钢筋，每边伸入墙内不宜小于1.0m。

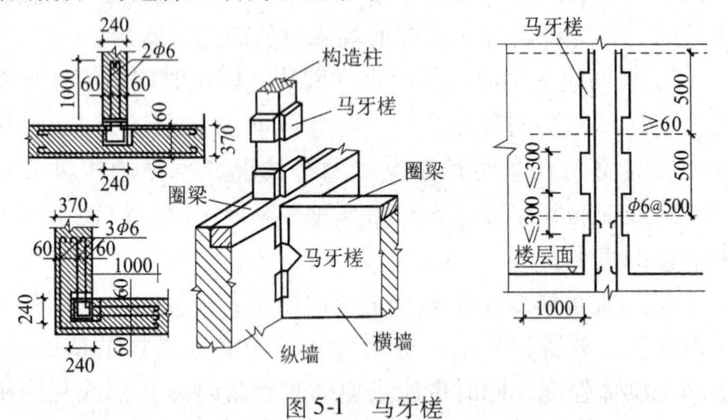

图5-1　马牙槎

3. 预留的拉结钢筋应位置正确，施工中不得任意弯折，如有歪斜、弯曲，在浇灌混凝土前应校正至准确位置并绑扎牢固。

【禁忌4】钢筋砖过梁过早拆模

【分析】

钢筋砖过梁过早拆模，灰缝砂浆强度较低，承受荷载后会出现裂缝和变形。

【措施】

1. 钢筋砖过梁底部的模板，应在灰缝砂浆强度不低于设计强度的50%时，方可拆除。

2. 砌筑砂浆自然养护时，不同温度下强度随龄期的增长关系见表5-1和表5-2。

用强度等级32.5级普通硅酸盐水泥拌制的砂浆强度增长

表5-1

龄期（d）		1	3	7	10	14	21	28
不同温度下的砂浆强度百分率（以在20℃时养护28d的强度为100%）	1℃	4	18	38	46	50	55	59
	5℃	6	25	46	55	61	67	71
	10℃	8	30	54	64	71	76	81
	15℃	11	36	62	71	78	85	92
	20℃	15	43	69	78	85	93	100
	25℃	19	48	73	84	90	96	104
	30℃	23	54	78	88	94	102	—
	35℃	25	60	82	92	98	104	—

用强度等级32.5级矿渣硅酸盐水泥拌制的砂浆强度增长

表5-2

龄期（d）		1	3	7	10	14	21	28
不同温度下的砂浆强度百分率（以在20℃时养护28d的强度为100%）	1℃	3	12	28	39	46	51	55
	5℃	4	18	37	47	55	61	66
	10℃	6	24	45	54	62	70	75
	15℃	8	31	54	63	72	82	89
	20℃	11	39	61	72	82	92	100
	25℃	15	45	68	77	87	96	104
	30℃	19	50	73	82	91	100	—
	35℃	22	56	77	86	95	104	—

【禁忌5】构造柱中心线位置偏移确定方法不正确

【分析】

不了解构造柱中心线位置偏移的确定方法，会导致施工偏差大，影响工程质量。

【措施】

钢筋混凝土构造柱为现浇构件，根据砌体结构墙体厚度的不同、构造柱设计截面尺寸的不同以及构造柱设置位置的不同，一般说来，构造柱可分为两类，即明柱和暗柱。所谓明柱是指至少有一个表面外露的构造柱。暗柱是指没有一个完整表面外露的构造柱，只有在马牙槎部位局部槎齿混凝土外露。

构造柱中心线一般指其截面中心线。由于构造柱一般都与圈梁同时浇筑，构造柱混凝土浇筑成型以后，无论明柱或暗柱都很难测定其中心线位置。因此，对于明柱来说，可以选择其一个外露面进行间接量测。具体可选用下列的量测方法来确定其中心线位置的偏移程度：以底层圈梁上平面处构造柱外露表面边长中点为基准，采用吊线的方法量测，或采用经纬仪或其他测量仪器观测，看所测楼层顶部圈梁下平面处构造柱外露表面边长中点对基准点的偏差，该偏差即为该层构造柱的中线位置偏移值；对于暗柱来说，施工后就不再测其各项尺寸允许偏差数据，而只能通过在砌体施工过程中对构造柱的截面尺寸进行控制。

【禁忌6】构造柱拉结钢筋竖向位移超过100mm

【分析】

构造柱在多层砖砌体结构中，通常设置在连接构造比较薄弱、应力集中和震害较重的部位。

构造柱主要是对砌体起约束作用，使砌体能够具有较高的延性和变形能力。构造柱这种性能的发挥固然与构造柱自身设计状况及其和圈梁的共同作用有关，但同时也和构造柱与墙体的拉结钢筋的设置有关。

在一般规定的基本要求和构造措施中都明确规定，构造柱与墙连接处应沿墙高每隔500mm设2ϕ6拉结钢筋，且每边伸入墙内不宜小于1m。

由于砌体砌筑时必须提前预埋构造柱的拉结钢筋，其埋置的操作者是瓦工师傅，是否能严格按墙高每隔500mm设置一层，主要取决于瓦工师傅操作的精心程度。在实际的施工实践中，由于通常构造柱相邻砌体大马牙槎的尺寸为300mm（五皮普通砖或三皮多孔砖），比较有规律性，而要求拉结筋设置的间距为500mm（八皮普通砖或五皮多孔砖），二者之间就出现了砖层要求模数的不协调，拉结钢筋层在马牙槎中的位置产生多变的状况，这种情况常常给瓦工的施工操作带来不便，必须经常数砌筑层数才能保证拉结筋的正确留置。有时候，瓦工砌筑紧张或稍不精心，就可能出现错层的现象。还有的时候，由于施工组织方面的原因，不能及时将拉结钢筋供应到瓦工砌筑位置或供应的拉结筋规格不符合砌筑位置的要求，瓦工为赶工而不能停砌待料，只能放弃设置拉结钢筋，从而导致后来再设置时出现错层。这种种情况都是在施工实践中可能经常出现的，是很难完全避免的。如果一经出现这种拉结钢筋位置错层现象就返工重砌，则可能会造成工料的一定损失，并非是最好的处置办法。根据拉结钢筋的作用来分析，从实际出发，允许在不大的范围内个别位置出现拉结钢筋位置错层现象是合理的，也是切合实际的。

【措施】

在配筋砌体工程施工质量验收时，规定拉结钢筋的竖向移位不应超过100mm，这是相对于拉结钢筋的标准间距500mm而言的。也就是说拉结钢筋沿墙高埋设位置的偏差只允许超过一皮砖，100mm 的规定既照顾到了普通砖模数的要求，也照顾到了多孔砖模数的要求。从管理上来说，这一要求的含义就是埋设拉结钢筋即使在某一砌体层位置被遗忘了，那么在下一层块体砌筑时就必须埋设，否则就必须返工，不允许一错再错。同时，规范又规定每一构造柱出现拉结钢筋竖向位移的地方不应超过 2 处。“处”的含义是指构造柱每一面相邻砌体砌筑时出现拉结钢筋位置偏移的地方。例如，某构造柱位于纵横墙交接处，在纵墙砌筑时，当某一砌筑层漏放拉结筋时，常常在构造柱两侧同时漏放，这种情况拉结钢筋出现位移的“处”数应是 2 处，而不是 1 处。

拉结钢筋埋设位置正确性检查验收，应该在砌体检验批砌筑完成后，构造柱支模前进行。

【禁忌 7】预埋的拉结钢筋任意反复弯折

【分析】

从钢筋的基本力学性能来看，在弹性范围内，钢筋受力变形后，一旦外力消失，钢筋会恢复到原来的状态。但是，如果钢筋受力产生的变形过大，超出了弹性范围，进入塑性状态，外力消失后，不仅会存在一些残余变形，而且钢筋的屈服强度和极限强度也会随之有所提高，塑性性能降低。如果反复受力，钢筋会变得越来越脆。

【措施】

预埋的拉结钢筋一般都采用 HPB235 级光圆钢筋，直径一般采用 ϕ6mm，较细。砌入砌体后，如果外露部分弯折时，其弯折点的位置一般发生在墙面附近。在弯折时，钢筋的一面受拉，一面受压，在弯折点处，较细的钢筋会由于弯折曲率过大在弯折点处产生较大的拉压变形，从而使钢筋在弯折点处的物理力学性能发生变化。如果任意进行反复弯折，等于给钢筋在弯折部位进行反复冷加工，大大降低该处钢筋的塑性，甚至产生脆断现象，影响拉结钢筋作用的发挥。

其次，拉结钢筋作用的发挥，拉结力主要是通过拉结钢筋与砂浆之间的粘结力来传递的。砌体砌筑以后，砂浆强度的增长有一个较长的过程。在砂浆强度较低的情况下，钢筋和砂浆之间的粘结力必然也较低。混凝土构造柱留置的拉结钢筋发生弯折问题，一般在某一砌体施工段施工过程中，均处于砌筑砂浆强度增长、凝结硬化的早期阶段，因此，此时弯折钢筋，可能会在一定长度范围内，影响粘结力，影响钢筋周围砂浆强度的增长。而且，钢筋弯折时可能产生的传动和位移，也会使一定长度范围内的钢筋和砂浆间产生间隙，破坏已经形成的粘结力。因此反复弯折留置端钢筋对埋入端钢筋与砂浆间的粘结力的形成和发展是有影响的，应该予以避免。

留置在框架柱内用于填充墙的拉结钢筋同样也不得任意弯折。

当然，在实际施工过程中，有时难免要对某些部位的拉结钢筋进行弯折，但是应该注意，一是要避免反复弯折；二是弯折部位应尽可能离埋入部分边缘远些；三是弯折的曲率半径应尽可能大些。

【禁忌8】落地灰、砖渣等杂物在浇灌构造柱混凝土前未清理干净

【分析】

与构造柱相邻的墙体在砌筑过程中，不可避免地要有一些砂浆跌落下来；瓦工师傅在砍砖的过程中也难免有一些砖

渣蹦落在构造柱底部。如果在构造柱混凝土施工前不将这些杂物清除干净的话，混凝土施工后，必然在构造柱根部形成夹渣层，使上下层构造柱的连接部位出现薄弱层，甚至产生构造柱混凝土断开不连续的现象，从而影响构件受力，影响构造柱作用的发挥，因此一定要清理干净。

【措施】

构造柱落地灰、砖渣等杂物的清理一般在模板封闭加固前进行。首先，要将构造柱箍筋、拉结筋上残留的砂浆以及大马牙槎上未清理干净的砂浆清理下来，然后，再彻底清理构造柱底部，最后封闭模板。

【禁忌9】配筋砌体剪力墙未采用专用小砌块砌筑砂浆

【分析】

混凝土小型空心砌块砌体，由于小砌块的肋和壁较窄，砌筑后上下层块材的投影接触面较小，即使灰缝砂浆比较饱满，块材间通过砂浆粘结的水平灰缝面积相对较小，因此抗剪强度较低是小砌块砌体的一个弱点。

如果未采用专用小砌块砌筑砂浆，则无法克服这一弱点。

【措施】

混凝土小型空心砌块砌筑砂浆是砌块建筑的专用砂浆。它有专门的标准，该标准是根据我国砌块建筑设计和施工实践经验及科研成果，并参考《砌筑砂浆配合比设计规程》(JGJ/T 98—2010) 及美国《砌筑用砂浆标准》(ASTMC 270—1991) 编制的，具有理论和实践基础。专用砂浆其施工操作性能和技术性能都较好，与传统使用的砌筑砂浆相比，可使砌体的砌缝砂浆饱满，粘结性能好，能减少墙体开裂和渗漏，提高砌块建筑的施工质量，增强抗震性能。

一般低层或多层混凝土小型空心砌块砌体建筑，通过构造措施，可以满足抗震性能要求，因此，在《砌体工程施工质量验收规范》(GB 50203—2011）第六章混凝土小型空心砌块砌体工程的一般规定中，第6.1.5条规定，“砌筑小砌块砌体，宜选用专用小砌块砌筑砂浆。”“宜”字是表示赞成，但是是允许选择的。专用砂浆施工成本较高，是否选用要根据情况而定。

对于配筋的砌块砌体剪力墙来说，一般应用于中、高层砌块建筑中，是这类建筑中的关键抗震构件，其抗震性能如何至关重要。

配筋砌块砌体剪力墙由于配有各种形式的钢筋，不仅要求块材之间的粘结要好，而且砂浆和钢筋间的粘结性能也要好，才能充分发挥配筋的作用。专用小砌块砌筑砂浆的良好粘结性能是保证砌块砌体剪力墙结构性能的一个重要因素。因此，在《砌体工程施工质量验收规范》(GB 50203—2011）第8章配筋砌体工程的一般规定中，第8.1.2条规定，“施工配筋小砌块砌体剪力墙，应采用专用的小砌块砌筑砂浆和专用小砌块灌孔混凝土浇筑芯柱。”这里用的是“应”字而不是“宜”，一般不允许选择，即使施工成本略高，也得应用，这是保证砌块砌体剪力墙施工质量的重要环节。

【禁忌10】组合砖砌体构件施工中，混凝土或砂浆试块留置不合理

【分析】

组合砖砌体构件，虽然有几种形式，但每一类型的组合砖砌体中，混凝土的工程量均不大，但有的施工难度相对大些，施工速度相对慢些。

【措施】

在《砌体工程施工质量验收规范》(GB 50203—2011)中，对组合砖砌体构件混凝土或砂浆的强度等级的抽检，同样也是以每一检验批砖砌体为基础的。因此，每一检验批组合砖砌体中，混凝土或砂浆的取样一般留置一组标准养护试块。

对于组合砖砌体墙，多应用于加固工程，根据《混凝土结构工程施工质量验收规范》(GB 50204—2011）对结构实体检验的要求，组合砖砌体墙还应留置同条件养护试件。

1. 同条件养护试件的留置方式和取样数量，应符合下列要求：

(1）同条件养护试件所对应的结构构件或结构部位，应由监理（建设)、施工等各方根据其重要性共同选定。

(2）对混凝土结构工程中的各混凝土强度等级，均应留置同条件养护试件。

(3）同一强度等级的同条件养护试件，其留置的数量应根据混凝土工程量和重要性确定，不宜少于10组，且不应少于3组。

(4）同条件养护试件拆模后，应放置在靠近相应结构构件或结构部位的适当位置，并应采取相同的养护方法。

2. 同条件自然养护试件的等效养护龄期及相应的试件强度代表值，宜根据当地的气温和养护条件，按下列规定确定：

(1）等效养护龄期可取按日平均温度逐日累计达到600℃·d时所对应的龄期，0℃及以下的龄期不计入：等效养护龄期不应小于14d，也不宜大于60d。

(2）同条件养护试件的强度代表值应根据强度试验结果，按现行国家标准《混凝土强度检验评定标准》(GB 50107—2010）的规定确定后，乘折算系数取用；折算系数宜取为1.10，也可根据当地的试验统计结果做适当调整。

【禁忌11】组合砖砌体墙拉结筋两端未设弯钩

【分析】

组合砖砌体墙是在砖砌体两侧设置钢筋砂浆面层或钢筋混凝土面层的组合构件，组合构件要能很好地协同工作，相互间就必须要有可靠的、牢固的联系。在组合砖砌体构件中，联系两侧钢筋砂浆面层或钢筋混凝土面层及砖砌体的是穿墙的拉结钢筋。拉结筋两端设置弯钩应该是施工常识。

【措施】

组合砖砌体墙中的拉结筋，对于面层中的竖筋来说，相当于它的箍筋，端部应设弯钩，类似于柱中主筋的箍筋作用，在竖向钢筋受压变形时，可以限制面层的横向变形，约束竖筋，防止竖向钢筋过早压屈，保持足够的承载能力。如果端部不设弯钩，就起不到拉结的作用，也约束不了竖筋。

拉结钢筋两端设置弯钩后，将砖砌体两侧的砂浆面层或钢筋混凝土面层有效地拉结起来，对中间的砖砌体来说，相当于在两面增加了很大的约束，这样，中间的砖墙砌体受压后，横向变形受到了有力的约束，砖砌体的受压承载能力就可以提高。

拉结钢筋两端设置弯钩，将两侧砂浆或混凝土面层和砖砌体有效的紧紧结合起来，这是组合砖砌体墙共同工作的基础。如果拉结钢筋不设弯钩，只靠拉筋的部分锚固力联系两侧面层，显然是不够的。组合砖砌体墙受压后，将接近于三个墙片单独受力状况，过薄的面层受荷后将可能很快被压屈破坏，失去组合砖砌体的意义。这种状况在偏心受压的组合砖砌体墙上将更加明显。

【禁忌12】水平钢筋安放不合理

【分析】

对已施工好的水平钢筋进行检查时，发现水平钢筋放置混乱，出现钢筋漏绑扎、漏放、规格不符、放置位置不对和搭接长度不符合要求的现象，或砌体砌好后发现原配的水平钢筋有剩余。水平钢筋施工质量不好，直接影响配筋砌体的受力性能。

原因分析如下：

1. 交底不清，操作人员不清楚水平钢筋设置的部位和搭接长度等；施工过程中管理不严格，未进行钢筋验收，发生钢筋漏扎、漏放等现象。

2. 钢筋未按图纸加工，短筋长用或尺寸不足，导致钢筋搭接倍数不够。

3. 设置在水平灰缝中的钢筋，未居中放置，钢筋在砂浆中的保护层厚度不够或暴露在外面，不利于钢筋保护，导致钢筋锈蚀，影响结构的耐久性。

4. 使用污染和有锈的钢筋导致钢筋与砂浆或混凝土结合不好，影响钢筋性能的发挥。

【措施】

1. 由于小砌块配筋砌体水平钢筋的施工是与小砌块砌筑交叉进行的，在砌体砌好后，钢筋就难以进行检查和校正，因此与一般工程不同，水平钢筋应分皮进行隐蔽工程验收，质量检查人员要跟班检查。

2. 根据设计图编制钢筋加工单，钢筋的弯钩、规格和尺寸应符合设计和规范要求；加工好的钢筋应编号，将使用部位写好以后，再运往楼面，防止操作人员用错部位。

3. 应在小砌块排列图上标明水平钢筋规格、长度和搭接长度等；施工前应对操作人员进行详细的技术交底。

4. 两根水平钢筋之间的距离应满足设计要求，要用S钩绑扎固定。如果使用钢筋网片，则网片要平整。

5. 设置在砌体水平灰缝内的钢筋，应居中置于灰缝中。水平灰缝厚度应大于钢筋直径4mm以上。

6. 应对设置在砌体水平灰缝内的钢筋进行适当保护，可在其表面涂刷钢筋防锈剂或防腐涂料。

【禁忌13】垂直钢筋位移

【分析】

竖向钢筋不在芯洞中间，偏向一侧；严重的与上部钢筋搭接不上，使钢筋一侧混凝土保护层厚度不足，削弱了钢筋和混凝土共同工作的能力，也不利于荷载传递。

原因分析如下：

1. 由于竖筋一般是一层一根，由上面插入，钢筋在根部搭接绑扎。由于漏绑或绑扎不牢，在浇捣混凝土时将钢筋挤向一边，导致一边混凝土保护层不够，或钢筋本身不直、歪斜和弯曲，一面紧靠小砌块。

2. 钢筋上部未进行固定，混凝土浇捣完，初凝前未对竖向钢筋进行整理。

【措施】

1. 小砌块第一皮要用E、U形小砌块砌筑，保证每根竖筋的部位都有缺口，利于钢筋绑扎。

2. 钢筋搭接处应绑扎牢固，而且绑扎不能少于2点。

3. 混凝土浇捣时，不允许振动棒碰竖向钢筋。

4. 竖筋上部在顶皮小砌块面上点焊固定在一根通长的水平筋（$\phi10$）上，使其位置固定。

5. 混凝土浇捣完，在初凝前，校正个别移位的钢筋，保证钢筋位置准确。

【禁忌 14】电气管道和开关插头安装混乱或位移

【分析】

电气预埋管线遗漏或跑位，开关、插座位置不正确。

原因分析如下：

1. 电管竖管一般是在砌好一层墙后，由上往下插入小砌块孔洞内，墙表面不能显示，如果检查不严往往容易遗漏。

2. 未预先在小砌块排列图上标出开关、插座位置，未与砌筑工程配合施工。

3. 由于小砌块孔洞仅为 120mm × 130mm，孔洞内要通过电线管和垂直钢筋，如果位置安排不合适，浇筑混凝土时，振动器极易碰撞电线管，使管子破坏或位移。

【措施】

1. 一般宜砌好一层墙后，在未灌筑混凝土前安装插头、电线盒和电线管。

2. 开关、插座和预留洞位置应在小砌块排列图上标出，确定开关、插座和预留洞所处位置的小砌块型号；然后在施工现场用切割机开出宽度为 90mm、贯通该砌块的洞，运至楼面，由电工配合瓦工砌到规定的位置。安装好开关、插座预埋盒以后，用 1∶2 水泥砂浆将预埋盒嵌牢在小砌块侧壁，保证预埋盒位置准确。在支模或灌芯柱混凝土时，要防止碰落、预埋电线盒，否则影响以后电线安装。

3. 一个芯洞内一般只宜穿一根电管，如果水平钢筋是在小砌块中间穿，电线管宜在水平钢筋与小砌块内壁之间的缝隙中通过，以免振捣混凝土时破坏管子。

附录 配筋砌体工程质量检验与验收

配筋砌体工程质量检验与验收　　附表 5-1

项目		质量合格标准	检验方法	抽检数量
主控项目	钢筋品种、规格、数量和设置部位	钢筋的品种、规格、数量和设置部位应符合设计要求	检查钢筋的合格证书、钢筋性能复试试验报告、隐蔽工程记录	全数检查
	混凝土、砂浆强度	构造柱、芯柱、组合砌体构件、配筋砌体剪力墙构件的混凝土及砂浆的强度等级应符合设计要求	检查混凝土和砂浆试块试验报告	每检验批砌体，试块不应少于1组，验收批砌体试块不得少于3组
	马牙槎拉结筋	构造柱与墙体的连接应符合下列规定： 1 墙体应砌成马牙槎，马牙槎凹凸尺寸不宜小于60mm，高度不应超过300mm，马牙槎应先退后进，对称砌筑；马牙槎尺寸偏差每一构造柱不应超过2处 2 预留拉结钢筋的规格、尺寸、数量及位置应正确，拉结钢筋应沿墙高每隔500mm设2ϕ6，伸入墙内不宜小于600mm，钢筋的竖向移位不应超过100mm，且竖向移位每一构造柱不得超过2处 3 施工中不得任意弯折拉结钢筋	观察检查和尺量检查	每检验批抽查不应少于5处
	配筋砌体中受力钢筋	配筋砌体中受力钢筋的连接方式及锚固长度、搭接长度应符合设计要求	观察检查	每检验批抽查不应少于5处

续表

项目		质量合格标准	检验方法	抽检数量
一般项目	构造柱一般尺寸允许偏差及检验方法	构造柱一般尺寸允许偏差及检验方法应符合附表5-2的规定	见附表5-2	每检验批抽查不应少于5处
	钢筋防腐	砌体结构中钢筋（包括夹心复合墙内外叶墙间的拉结件或钢筋）的防腐，应符合设计规定，且钢筋防护层完好，不应有肉眼可见裂纹、剥落和擦痕等缺陷	观察检查	每检验批抽查不应少于5处
	网状配筋及放置间距	网状配筋砖砌体中，钢筋网规格及放置间距应符合设计规定。每一构件钢筋网沿砌体高度位置超过设计规定一皮砖厚不得多于一处	通过钢筋网成品检查钢筋规格，钢筋网放置间距采用局部剔缝观察，或用探针刺入灰缝内检查，或用钢筋位置测定仪测定	每检验批抽查不应少于5处
	钢筋安装位置的允许偏差及检验方法	钢筋安装位置的允许偏差及检验方法应符合附表5-2的规定	见附表5-2	每检验批抽查不应少于5处

钢筋安装位置的允许偏差和检验方法 附表 5-2

项目		允许偏差（mm）	检验方法
受力钢筋保护层厚度	网状配筋砌体	±10	检查钢筋网成品，钢筋网放置位置局部剔缝观察，或用探针刺入灰缝内检查，或用钢筋位置测定仪测定
	组合砖砌体	±5	支模前观察与尺量检查
	配筋小砌块砌体	±10	浇筑灌孔混凝土前观察与尺量检查
配筋小砌块砌体墙凹槽中水平钢筋间距		±10	钢尺量连续三档，取最大值

第6章　填充墙砌体工程

【禁忌1】填充墙砌体所用块材进场后管理不善

【分析】

填充墙砌体所用块材进场后管理不善，会造成破碎、潮湿等现象。

【措施】

1. 烧结空心砖、蒸压加气混凝土砌块、轻集料混凝土小型空心砌块等的运输、装卸过程中，严禁抛掷和倾倒。

2. 进场后应按品种、规格堆放整齐，堆置高度不宜超过2m。

3. 蒸压加气混凝土砌块在运输及堆放中应防止雨淋。

【禁忌2】不了解填充墙砌筑技术要求

【分析】

不了解填充墙砌筑的技术要求，容易造成材料及人力浪费，影响工程进度和质量。

【措施】

1. 在厨房、卫生间、浴室等处采用轻骨料混凝土小型空心砌块、蒸压加气混凝土砌块砌筑墙体时，墙底部宜现浇混凝土坎台，其高度宜为150mm。

2. 填充墙留置的拉结钢筋或网片的位置应与块体皮数相符合。拉结钢筋或网片应置于灰缝中，埋置长度应符合设计要求，竖向位置偏差不应超过1皮高度。

3. 填充墙与框架柱之间缝隙应采用砂浆填实。

4. 砌筑填充墙时应错缝搭砌，蒸压加气混凝土砌块搭砌长度不应小于砌块长度的1/3；轻骨料混凝土小型空心砌块搭砌长度不应小于90mm；竖向通缝不应大于2皮。

5. 填充墙的水平灰缝厚度和竖向灰缝宽度应正确，烧结空心砖、轻骨料混凝土小型空心砌块砌体的灰缝应为8~12mm；蒸压加气混凝土砌块砌体当采用水泥砂浆、水泥混合砂浆或蒸压加气混凝土砌块砌筑砂浆时，水平灰缝厚度和竖向灰缝宽度不应超过15mm；当蒸压加气混凝土砌块砌体采用蒸压加气混凝土砌块粘结砂浆时，水平灰缝厚度和竖向灰缝宽度宜为3~4mm。

6. 填充墙砌体砌筑，应待承重主体结构检验批验收合格后进行。填充墙与承重主体结构间的空（缝）隙部位施工，应在填充墙砌筑14d后进行。

【禁忌3】不了解空心砖砌体的砌筑要求

【分析】

不了解空心砖砌体的砌筑要求，容易造成孔洞、裂缝等质量通病。

【措施】

空心砖砌体应符合下列砌筑技术要求：

（1）空心砖墙砌筑前，应在砌筑位置上弹出墙边线，以后按边线逐皮砌筑，一道墙可先砌两头的砖，再拉准线砌中间部分。第一皮砌筑时应试摆。

（2）砌空心砖应采用刮浆法。竖缝应先抹砂浆后再砌筑。当孔洞呈垂直方向时，水平铺砂浆，应用套板盖住孔洞，以免砂浆掉入孔洞内。

（3）灰缝应横平竖直。墙体的水平灰缝厚度和竖向灰缝宽度宜为10mm左右，但不应大于12mm，也不应小于8mm。

（4）灰缝砂浆应饱满。水平灰缝的砂浆饱满度不得小于80%。竖向灰缝不得出现透明缝。

（5）空心砖墙中不够整砖部分，宜用无齿锯加工制作非整砖块，不得用砍凿方法将砖打断。补砌时应使灰缝砂浆饱满。

（6）管线槽留置时，可采用弹线定位后用凿子仔细凿槽或用开槽机开槽，不得采用斩砖预留槽的方法。

（7）空心砖墙应同时砌起，不得留斜槎。每天砌筑高度不应超过1.8m。

（8）空心砖墙冬季砌筑施工时，有条件的情况下尽量采取热炒砂、水加温、通蒸气、加防冻剂等有利于冬期施工的措施，确保冬期施工质量不受影响。

【禁忌4】加气混凝土砌块墙施工流程及方法不合理

【分析】

施工人员如果不了解加气混凝土砌块墙施工流程及方法，则会造成施工处出现乱砌、断裂、渗漏等现象。

【措施】

1. 工艺流程

加气混凝土砌块施工工艺流程如下：

基层处理→砌筑加气混凝土砌块→砌块与门窗口连接→砌块与楼板连接

2. 基层处理

清扫砌筑加气混凝土砌块墙体根部的混凝土梁、柱的表面，用砂浆找平，拉线，用水平尺检查其平整度。

3. 砌筑前应进行砌块的排列设计，以减少施工现场切锯工作量，便于备料。

4. 根据排列图纸、砌块尺寸及灰缝厚度制作皮数杆，并竖立于墙的两端，在两相对皮数杆的同皮标志处之间拉准线，在砌筑位置放出墙身边线。

5. 砌筑前，应将砌块表面污物清除干净，并应适量洒水湿润，含水率一般不超过15%。

6. 砌筑前，应检查砌块外观质量，尽可能用主规格的标准砌块，少用辅助规格和异型砌块，禁止用断裂砌块。

7. 在加气混凝土砌块墙底部应砌烧结普通砖或多孔砖，或普通混凝土小型空心砌块，或现浇混凝土坎台等，其高度不宜小于200mm。

8. 不同干密度和强度等级的加气混凝土砌块不应混砌，加气混凝土砌块也不得与其他砖、砌块混砌。但在墙底、墙顶及门窗洞口处局部采用普通黏土砖和多孔砖砌筑不视为混砌。

9. 灰缝应横平竖直，砂浆饱满。水平灰缝厚度不得大于15mm。竖向灰缝宜用内外临时夹板灌缝，其宽度不得大于20mm。

10. 砌块墙的转角处，纵、横墙砌块应隔皮相互搭砌。砌块墙的T形交接处，应使横墙砌块隔皮端面露头，如图6-1所示。

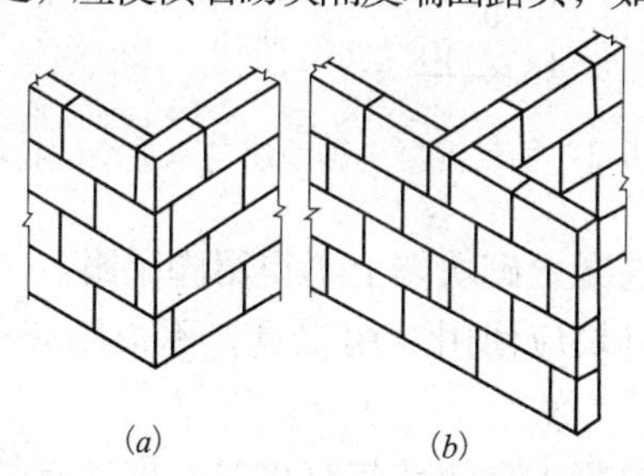

图6-1 加气混凝土转角处和交接处砌法
（a）转角处砌法；（b）交接处砌法

11. 填充墙砌至接近梁、板底时，应留一定空隙，在抹灰前采用侧砖、或立砖、或砌块斜砌挤紧，其倾斜度宜为60°左右，砌筑砂浆应饱满。

12. 墙体洞口下部应放置2ϕ6 钢筋，伸过洞口两边长度每边不得小于500mm。

13. 砌块墙与承重墙或柱交接处，应在承重墙或柱的水平灰缝内预埋拉结钢筋，拉结钢筋沿墙或柱高每1m 左右设一道，每道为2ϕ6 的钢筋（带弯钩），伸出墙或柱面长度不小于700mm，砌筑砌块时，将拉结钢筋伸出部分埋置于砌块墙的水平灰缝中，如图6-2 所示。

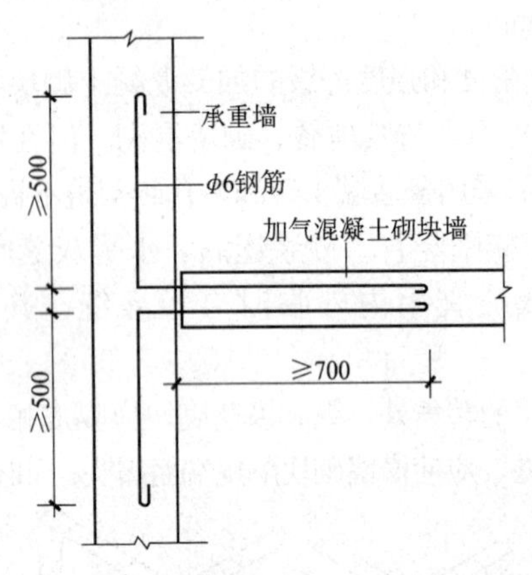

图6-2　加气混凝土砌块墙与承重墙的拉结

14. 加气混凝土砌块墙上不得留脚手眼。

15. 切锯砌块应使用专用工具，不得用斧子或瓦刀等任意砍劈。

16. 加气混凝土砌块墙每日砌筑高度不宜超过1.8m。

17. 墙上孔洞需要堵塞时，应使用加气混凝土或经过切锯的异形砌块修补，或用砂浆填堵，不得用其他材料堵塞。

18. 砌筑时，应在每一块砌块全长铺满砂浆。铺浆薄厚应均匀，砂浆面应平整。铺浆后立即放置砌块，要求对准皮数杆，一次摆正找平，保证灰缝厚度。如果铺浆后没有立即放置砌块，砂浆凝固了，应将砂浆铲去，重新铺浆。可用挡板堵缝法填满、捣实、刮平竖缝，也可采用其他填缝方法。每皮砌块均应拉水准线。灰缝应横平竖直，禁止用水冲浆灌缝。随砌随将灰缝勾成0.5～0.8mm的凹缝。

19. 浇筑圈梁时，应扫除灰渣，清理基面，浇水湿润，圈梁外侧的保温块应同时湿润，然后浇筑。

20. 在砌墙时应先将钢筋混凝土预制窗台板安装好，不应在立框后再塞放窗台板。

21. 当设计无规定时，不得有集中荷载直接作用在加气混凝土墙上，否则应设置梁垫或采取其他措施。

22. 对现浇混凝土养护时，不能长时间连续浇水，以免砌块长时间被水浸泡。

23. 穿越墙体的水管，要防止渗透。穿墙、附墙或埋入墙内的铁件应做防腐处理。

24. 砌块墙体宜采用粘结性能良好的专用砂浆砌筑，也可用混合砂浆砌筑，砂浆的最低强度不宜低于M2.5级；有抗震及热工要求的地区，应根据设计选用砌筑砂浆，在寒冷和严寒地区的外墙应采用保温砂浆，不得用混合砂浆。砌筑砂浆必须搅拌均匀，随搅拌随用，砂浆的稠度以70～100mm为宜。

25. 加气混凝土砌块，如无有效措施，不得使用在以下部位：

（1）建筑物防潮层以下的外墙。

（2）长期处于浸水和化学侵蚀环境。

（3）承重制品表面温度经常处于80℃以上的部位。

26. 加气混凝土外墙墙面水平方向的凹凸部分如线脚、出檐、窗台、雨罩等，应作泛水或滴水，防止积水。墙表面应作饰面保护层。

【禁忌5】粉煤灰砌块砌体工程构造及施工不合理

【分析】

粉煤灰砌块可利用大量工业废料，节约砌筑和抹灰砂浆，降低工程造价，提高施工效率，缩短工期等，所以施工人员应了解粉煤灰砌块砌体工程的构造及施工方法。

【措施】

粉煤灰砌块的主规格尺寸为880mm×380mm×240mm，880mm×430mm×240mm，砌块的端面应加坐浆面、灌浆槽，并设抗剪槽。砌块的构造如图6-3所示。

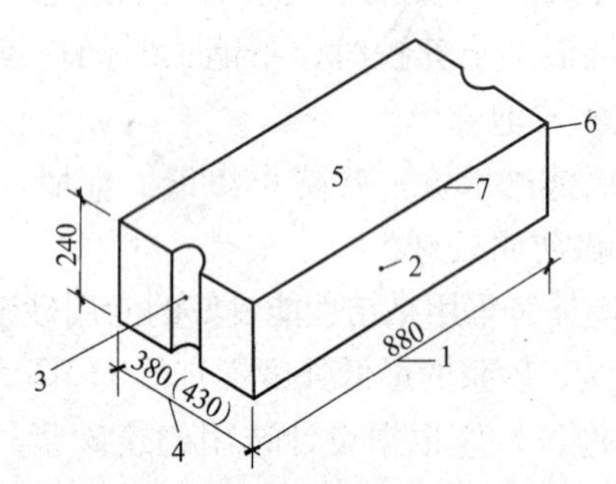

图6-3　粉煤灰砌块外形及各部位名称

1—长度；2—端面；3—灌浆槽；4—宽度；5—坐浆面；6—角；7—棱

1. 粉煤灰砌块砌体构造要求

（1）墙、柱的高厚比应符合设计要求。

（2）在室内地坪以下，室外散水坡顶面以上的砌体内，应设置防潮层。室外明沟散水坡处的墙面应做水泥砂浆粉刷的勒脚。防潮层以下或地面以下的砌体，砌筑砂浆应采用不低于 M5 级的水泥砂浆。

（3）为了增强抗剪力，砌块的两侧宜留槽，灌缝后形成销键。

2. 粉煤灰砌块墙砌筑形式

粉煤灰砌块的立面砌筑形式，只有全顺一种，即每皮砌块均为顺砌，上下竖缝相互错开砌块长度的 1/3 以上，并不小于 150mm，如果不能满足时，在水平灰缝中应设置 2ϕ6 钢筋或 ϕ4 钢筋网片加强，加强筋长度不小于 700mm，如图6-4所示。

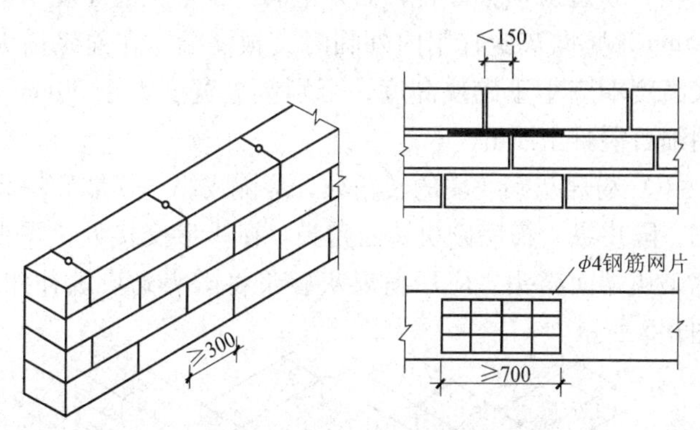

图 6-4 粉煤灰砌块墙砌筑形式

3. 粉煤灰砌块砌体施工技术要求

（1）粉煤灰砌块的堆放、装卸运输的要求应符合下列要求：

1）蒸压加气混凝土砌块、轻集料混凝土小型空心砌块砌筑时，其产品龄期应超过 28d。

2）空心砖、蒸压加气混凝土砌块、轻集料混凝土小型空心砌块等的运输、装卸过程中，严禁抛掷和倾倒。进场后应按品种、规格分别堆放整齐，堆置高度不宜超过2m。加气混凝土砌块应防止雨淋。

3）填充墙砌体砌筑前块材应提前2d浇水湿润。蒸压加气混凝土砌块砌筑时，应向砌筑面适量浇水。

（2）粉煤灰砌块自生产之日算起，应放置一个月以后，才能用于砌筑。

（3）严禁使用干的粉煤灰砌块上墙，一般应提前2d浇水，砌块含水率宜为8%～12%。不得随砌随浇。

（4）砌筑用砂浆应采用水泥混合砂浆。

（5）灰缝应横平竖直，砂浆饱满。水平灰缝厚度不得大于15mm，竖向灰缝宜用内外临时夹板灌缝，在灌浆槽中的灌浆高度不应小于砌块高度，个别竖缝宽度大于30mm时，应用细石混凝土灌缝。

（6）粉煤灰砌块墙的转角处，应隔皮纵、横墙砌块相互搭砌，隔皮纵、横墙砌块端面露头。在T字交接处，隔皮使横墙砌块端面露头。应用粉煤灰砂浆将露头砌块填补抹平，如图6-5所示。

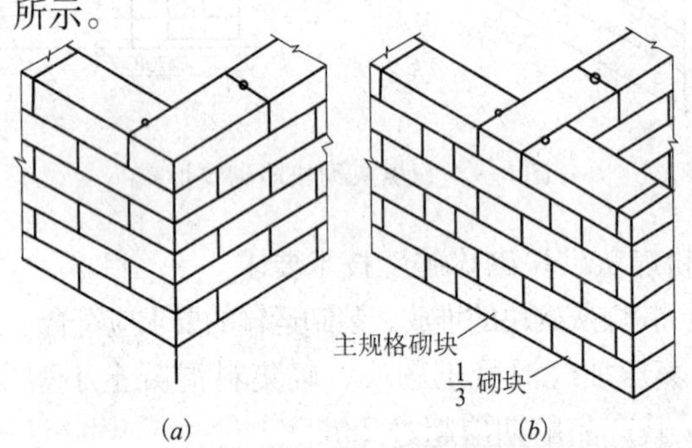

图6-5　粉煤灰砌块墙转角处及交接处砌法
（a）转角处；（b）交接处

（7）粉煤灰砌块墙与半砖厚普通砖墙交接处，应沿墙高800mm左右设置直径4mm钢筋网片，钢筋网片形状依照两种墙交接情况而定。置于砌块墙水平灰缝中的钢筋为3根，伸入长度不小于360mm；置于半砖墙水平灰缝中的钢筋为2根，伸入长度不小于360mm，如图6-6所示。

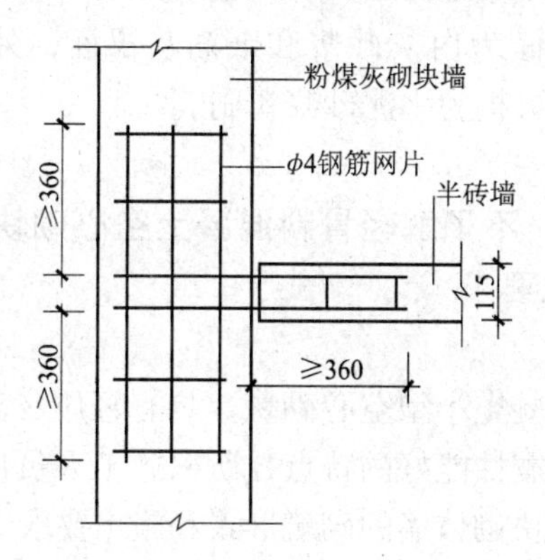

图6-6　粉煤灰砌块墙与半砖墙交接处

（8）粉煤灰砌块墙与普通砖承重墙或柱交接处，应沿墙高1m左右设置3根直径4mm的拉结钢筋，拉结钢筋深入砌块墙内长度不小于700mm。

（9）墙体洞口下部应放置2ϕ6钢筋，伸过洞口两边长度每边不得小于500mm。

（10）洞口两侧的粉煤灰砌块应将灌浆槽锯掉。切锯砌块应使用专用工具，不得用斧子或瓦刀任意砍劈。

（11）粉煤灰砌块墙每日砌筑高度不应超过1.5m或一步脚手架高度。

（12）粉煤灰砌块墙上不得留脚手眼。

（13）构造柱间距不大于8m，墙与柱之间应沿墙高每皮水平灰缝中加设2ϕ6连接筋，钢筋伸入墙中不少于1m。构造柱应与墙连结。

（14）砌块墙体宜作内外抹灰。在粉刷前，应对墙面上的孔洞和缺损砌块进行修补填实；墙面应清除干净；并用水泥砂浆拉毛，或做界面层，以利粘结。

通常内墙面为白灰砂浆和纸筋灰罩面，外墙用混合砂浆，墙裙和踢脚板为水泥砂浆粉刷。

【禁忌6】不了解轻骨料混凝土空心砌块砌体墙的砌筑形式及施工要求

【分析】

轻骨料混凝土小型空心砌块，具有轻质、高强、保温隔热性能好，抗震性能好的特点，所以施工人员应了解轻骨料混凝土空心砌块砌体墙的砌筑形式和施工要求。

【措施】

1. 轻骨料混凝土空心砌块墙的砌筑形式

轻骨料混凝土空心砌块的主规格为390mm×190mm×190mm，常用全顺砌筑形式，墙厚等于砌块宽度。上下皮竖向灰缝相互错开1/2砌块长，并不应小于120mm，如果不能保证时，应在水平灰缝中设置2ϕ6的拉结钢筋或ϕ4的钢筋网片，如图6-7所示。

2. 轻骨料混凝土空心砌块墙的砌筑技术要点

（1）对轻骨料混凝土空心砌块，宜提前2d以上适当浇水湿润。严禁雨天施工，砌块表面有浮水时也不得进行砌筑。

（2）砌块的龄期应保证有28d以上。

（3）砌筑前应根据砌块皮数制作皮数杆，并在墙体转角处及交接处竖立，皮数杆间距不得超过15m。

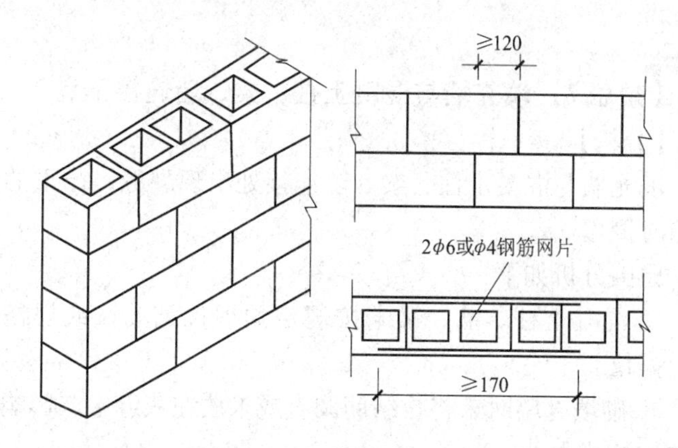

图6-7　轻骨料混凝土空心砌块墙砌筑形式

（4）砌筑时，必须遵守“反砌”原则，即使砌块底面向上砌筑。上下皮应对孔错缝搭砌。

（5）水平灰缝应横平竖直，砂浆饱满，按净面积计算砂浆的饱满度不应低于90%。竖向灰缝应采用加浆方法，使其砂浆饱满，严禁用水冲浆灌缝，不得出现透明缝、瞎缝，其砂浆饱满度不得低于80%。

（6）已砌好的砌块需要移动或对被撞动的砌块进行修整时，应将原有砂浆清除干净以后，再重新铺浆砌筑。

（7）墙体转角处及交接处应同时砌起，如果不能同时砌起时，留槎的方法及要求与混凝土空心砌块墙中所述的规定相同。

（8）在砌筑砂浆终凝前后的时间，应刮平灰缝。

（9）每日砌筑高度不得超过1.8m。

（10）轻骨料混凝土空心砌块墙的允许偏差与混凝土空心砌块墙的允许偏差相同。

【禁忌7】填充墙与混凝土柱、梁、墙连接不良

【分析】

填充墙与混凝土柱、梁、墙连接处出现裂缝，严重的受冲撞时倒塌。

原因分析如下：

1. 混凝土柱、墙、梁未按规定预埋拉结筋，或规格不符、偏位。

2. 砌填充墙时未将拉结筋调直或未放在灰缝中，影响钢筋的拉结能力。

3. 钢筋混凝土梁、板与填充墙之间未楔紧，或未用砂浆嵌填密实。

【措施】

1. 轻质小砌块填充墙应沿墙高每隔600mm与柱或承重墙内预埋的2ϕ6钢筋拉结，钢筋伸入填充墙内长度不应小于600mm。加气砌块填充墙与承重墙或柱交接处，应沿墙高1m左右设置2ϕ6拉结钢筋，伸入墙内长度不得小于500mm。

2. 填充墙砌至拉结筋部位时，调直拉结筋，平铺在墙身上，然后铺灰砌墙；禁止折断拉结筋或未进入墙体灰缝中。

3. 填充墙砌完后，砌体还将有一定的变形，因此要求填充墙砌至接近梁、板底时，应留一定空隙，在抹灰前采用侧砖、或立砖、或砌块斜砌挤紧，其倾斜度宜为60°左右，砌筑砂浆应饱满。另外，在填充墙与柱、梁、板结合处须用砂浆嵌缝，这样使填充墙与梁、板、柱结合紧密，不易开裂。

4. 柱、梁、板或承重墙内漏放拉结筋时，可在拉结筋部位凿除混凝土保护层，将拉结筋按规范要求的搭接倍数焊接

在柱、梁、板或承重墙钢筋上。

5. 柱、梁、板或承重墙与填充墙之间出现裂缝，可将原有嵌缝砂浆凿除，重新嵌缝。

【禁忌8】墙片整体性差

【分析】

墙体沿灰缝产生裂缝或在外力作用下损坏墙片，影响墙片的整体性。

原因分析如下：

1. 砌块施工未预先绘制砌块排列图，使砌块排列混乱，导致砌块搭接长度不符合要求、灰缝过厚等现象，引起沿灰缝产生裂缝。

2. 砌块含水率过大，砌上墙后，砌块逐渐干燥而收缩，因此体积不稳定，在灰缝中容易产生裂缝。

3. 由于轻质小砌块和加气砌块的强度低，承受剧烈碰撞能力差，往往容易损坏墙底部，影响墙片的整体性。

4. 在抗震设防区，对墙体未按抗震要求采取加强措施，遇地震，墙片整体性差，出现裂缝，甚至倒塌。

5. 加气砌块块体大，竖缝砂浆不易饱满，影响砌体的整体性。另外，由于块体大，灰缝少，受剪能力差，在外界因素影响下（如干缩、温差等），沿灰缝容易产生裂缝。

6. 随意凿墙破坏墙片整体性。

7. 未用混凝土将过梁支承处轻质小砌块孔洞填实，导致砌块压碎。

【措施】

1. 砌块砌筑前应绘制砌块排列图，并设计皮数杆，砌筑时应上下错缝搭砌，轻骨料混凝土小型空心砌块搭砌长度不应小于90mm；如果不能满足，应在灰缝中加 $\phi4$ 钢筋网片，网片长度不应小于700mm。蒸压加气混凝土砌块搭接长度不应小于砌块长度的1/3，并应不小于150mm；如果不能满足时，应在水平灰缝中设置 $2\phi6$ 钢筋或 $\phi4$ 钢筋网片加强，加强筋长度不应小于500mm。

2. 采用普通砌筑砂浆砌筑填充墙时，烧结空心砖、吸水率较大的轻骨料混凝土小型空心砌块应提前1～2d浇（喷）水湿润。蒸压加气混凝土砌块采用蒸压加气混凝土砌块砌筑砂浆或普通砌筑砂浆砌筑时，应在砌筑当天对砌块砌筑面喷水湿润。块体湿润程度宜符合：烧结空心砖的相对含水率60%～70%；吸水率较大的轻骨料混凝土小型空心砌块、蒸压加气混凝土砌块的相对含水率40%～50%。

由于砌块在龄期达到28d之前，自身收缩较快，为有效控制砌体收缩裂缝和保证砌体强度，要求砌块砌筑时龄期应超过28d。

3. 加气砌块砌筑时，不同干密度和强度等级的加气混凝土砌块不应混砌。

4. 灰缝应横平竖直，不得有亮眼。轻质小砌块保证砂浆饱满的措施与普通混凝土小砌块相同，详见“第3章禁忌1”的有关内容。加气砌块高度较大，竖缝砂浆不易饱满，影响砌体的整体性，因此，竖缝宜用内外临时夹板灌缝。

填充墙砌体的灰缝厚度和宽度应正确，空心砖、轻骨料混凝土小型空心砌块的砌体灰缝应为8～12mm，蒸压加气混凝土砌块砌体的水平灰缝厚度及竖向灰缝宽度分别宜为为15mm和20mm。

5. 用轻骨料混凝土小型空心砌块或蒸压加气混凝土砌块砌筑墙体时，墙底部应砌烧结普通砖或多孔砖，或普通混凝土小型空心砌块，或现浇混凝土坎台等，其高度不宜小于200mm。

6. 在抗震设防地区应采取相应的加强措施，砌筑砂浆的强度等级不应低于M5。当填充墙长度大于5m时，墙顶部与梁应有拉结措施，如在梁上预留短钢筋，以后砌入墙的垂直灰缝内。当墙高度超过4m时，宜在墙高的中部设置与柱连接的通长钢筋混凝土水平墙梁。

7. 过梁支承处的轻质小砌块孔洞，用C15混凝土灌实1皮。

8. 不可随意凿墙，详见“第3章禁忌1”的有关措施。

9. 压碎和损坏的墙体，应拆除重砌。

10. 粉刷前，发现灰缝中有细裂缝时，可将灰缝砂浆表面清理干净后，重新用水泥砂浆嵌缝。裂缝严重的要拆除重砌。

【禁忌9】墙面抹灰裂缝、起壳

【分析】

室内外抹面随砌体灰缝中裂缝和柱、梁、板、承重墙结合处裂缝而出现相应的裂缝；墙面抹灰出现干缩裂缝和起壳，严重的引起墙面渗漏。

原因分析如下：

1. 加气砌块块体大，墙面灰缝少，使砌体灰缝对抹灰层的嵌固作用减弱，增加了起壳的可能性。

2. 加气砌块的吸水率较大，干燥的砌块容易将抹灰砂浆中的水分吸收，影响砂浆硬化和强度发展，使砂浆与墙面粘结力减小，结合不牢，施工操作困难。

3. 抹灰砂浆材料不符合要求，如水泥安定性不合格、砂子偏细、石灰膏消化不透，以及砂浆配合比不准、和易性不好等原因，或砂浆拌制后停放时间过长。

4. 由于墙面不平整、凹凸过大，或砌块缺损等原因，导致抹灰层过厚，或抹灰时面层、底层同时进行，影响了砂浆与墙面的粘结、砂浆层之间的粘结，并由此引起表、里收水快慢不同，造成收水裂缝，容易产生起鼓、开裂。

5. 与柱、梁、板连接处未嵌密实或未采取加强措施，由于填充墙与钢筋混凝土柱、梁、板、墙的干收缩和温度收缩不一致，容易在连接处产生裂缝。

6. 抹面使用软底硬面，如将水泥砂浆抹在石灰砂浆基层、珍珠岩砂浆或混合砂浆的抹灰层上，使粉刷起壳。

7. 门窗框与填充墙连接不牢，或施工质量不好，使用一段时间后，由于门窗扇碰撞振动，使门窗框周围抹灰出现裂缝或起壳脱落。

8. 装饰、抹灰材料选用不合理。

9. 砌块存在缺损，如砌块表面酥松、麻面、蜂窝和裂缝，或砌块收缩值过大，都会影响砌体的防水能力，从而引起墙面渗水。

10. 填充墙的水平灰缝和垂直灰缝有空头缝或不密实。

11. 墙体洞口下未采取加强措施，由于温度应力容易引起洞口下部砌体和抹灰层裂缝。

12. 由于小砌块外形尺寸较精确，墙面平整度较好，有时抹灰层太薄，成为墙体防水的薄弱环节。

【措施】

1. 由于墙体裂缝而引起的抹灰裂缝，应将墙体裂缝的各种因素消除，详见“本章禁忌 8”的预防措施。

2. 砌块经就位、校正、灌筑垂直缝后，应随即进行水平灰缝和垂直灰缝的勒缝（原浆勾缝），勒缝深度轻质小砌块一般为2mm，加气砌块一般为3～5mm，可起到嵌固抹灰层的作用。抹灰前嵌补凹进墙面过大的灰缝。

3. 抹灰前，对砌块墙面的尘土、油渍、污斑等污物，应用竹扫帚、钢丝刷或其他工具清理干净。加气砌块应在抹灰前提前2d浇水湿润，抹灰时再浇水湿润一遍。轻质小砌块粉刷时适当浇水湿润即可。

4. 抹灰前对砌筑砂浆密实度较差的部位、抹灰前出现裂缝的部位或雨水侵蚀较多的部位，应用水泥砂浆勾缝，并应检查墙面平整度，尤其是加气砌块，应铲平凸出墙面较大处，修补脚手眼和其他孔洞，镶嵌密实；凹进墙面较大处、深度过大的缝隙或砌块缺损部位，应提前用水泥砂浆分层修补平整，防止局部抹灰过厚，导致干缩裂缝或局部起壳。

加气砌块抹灰前应对基层表面进行处理，刷一道108胶溶液（配合比为108胶水：水＝1：3～4）或其他界面剂。处理后应随即进行底层刮糙。

5. 控制抹灰层厚度。底层刮糙不宜太厚，一般控制在10mm以内。中层厚度控制在5mm左右，并尽可能做到表面平整、厚度均匀。面层根据面层材料而定，一般厚度控制在2～5mm内。

6. 抹灰砂浆及其原材料应符合要求，有适当的稠度和良好的保水性，手工抹灰砂浆稠度为80～100mm；机械喷涂抹灰砂浆的稠度一般为140～150mm。

7. 加气砌块墙宜用强度不高的1：3石灰砂浆或1：1：6混合砂浆抹灰。除踢脚板、护角线、勒脚、局部墙裙外，不宜做大面积水泥砂浆抹灰。

8. 不宜将重量较大的饰面材料贴挂在砌块墙面。

9. 墙面用石灰砂浆、珍珠岩砂浆或混合砂浆抹灰时，应留出墙裙、踢脚板、勒脚或其他水泥砂浆抹灰层的位置，以免水泥砂浆由于基层粘有白灰砂浆而起壳。

10. 在砌块砌筑时，轻质小砌块应在门窗洞口内侧适当位置（一般应在安装铰链、脚头和门锁处），砌筑单孔砌块，其规格为190mm×190mm×190mm，孔洞朝向门窗框一侧，然后用混凝土或水泥砂浆固定木砖或窗脚头。为固定门窗框，加气砌块可在门窗洞口适当位置直接镶砌木砖、标准砖，不允许用薄木板代替木砖，更不能用铁钉等物直接打入灰缝。

11. 填充墙与梁、柱、板和承重墙连接处要用砂浆嵌缝，并且骑缝加钉钢丝网片，其宽度为200~300mm。

12. 墙体洞口下部应放置2ϕ6 钢筋，伸过洞口两边长度每边不得小于500mm，以免洞口下八字裂缝。

13. 在加气砌块砌体内墙同一墙身的两面，不得同时满做不透气饰面。在严寒地区，加气砌块外装修不得满做不透气饰面。

14. 对于由于结构问题引起墙面抹灰裂缝、起壳和渗水的，应先对结构采取措施后，再对抹灰进行处理。处理时，一般应将起壳部分铲除，清理、湿润后重新分层抹灰。对于抹灰层裂缝一般应沿裂缝凿成V形槽，清洗后用油膏嵌缝或用水泥砂浆分层嵌补，然后分层修补抹灰层。

15. 由于砌块本身材料问题而引起的渗漏，应将该部位抹灰层铲除，然后将砌块酥松或裂缝部分凿除，用水泥砂浆修补，达到一定强度后重新抹灰。

16. 由于抹灰层太薄而导致渗水的墙面，可在表面凿毛，认真清理、湿润以后，加做一层抹灰。有条件时，可在抹灰层外涂防水层，如憎水剂等。

附录 填充墙砌体工程质量检验与验收

填充墙砌体工程质量检验与验收 附表6-1

项目		质量合格标准	检验方法	抽检数量
主控项目	烧结空心砖、小砌块和砌筑砂浆的强度等级	烧结空心砖、小砌块和砌筑砂浆的强度等级应符合设计要求	查砖、小砌块进场复验报告和砂浆试块试验报告	烧结空心砖每10万块为一验收批，小砌块每1万块为一验收批，不足上述数量时按一批计，抽检数量为1组 砂浆试验：每一检验批且不超过250m^{3}砌体的各类、各强度等级的普通砌筑砂浆，每台搅拌机应至少抽检一次。验收批的预拌砂浆、蒸压加气混凝土砌块专用砂浆，抽检可为3组
	连接构造	填充墙砌体应与主体结构可靠连接，其连接构造应符合设计要求，未经设计同意，不得随意改变连接构造方法。每一填充墙与柱的拉结筋的位置超过一皮块体高度的数量不得多于一处	观察检查	每检验批抽查不应少于5处
	连接钢筋	填充墙与承重墙、柱、梁的连接钢筋，当采用化学植筋的连接方式时，应进行实体检测。锚固钢筋拉拔试验的轴向受拉非破坏承载力检验值应为6.0kN。抽检钢筋在检验值作用下应基材无裂缝、钢筋无滑移宏观裂损现象；持荷2min期间荷载值降低不大于5%。检验批验收可按附表6-2、附表6-3判定。填充墙砌体植筋锚固力检测记录可按附表6-4填写	原位试验检查	按附表6-5确定

续表

项	目	质量合格标准	检验方法	抽检数量
一般项目	填充墙砌体尺寸、位置的允许偏差及检验方法	填充墙砌体尺寸、位置的允许偏差及检验方法应符合附表6-6的规定	见附表6-6	每检验批抽查不应少于5处
	砂浆饱满度	填充墙砌体的砂浆饱满度及检验方法应符合附表6-7的规定	见附表6-7	每检验批抽查不应少于5处
	拉结钢筋网片位置	填充墙留置的拉结钢筋或网片的位置应与块体皮数相符合。拉结钢筋或网片应置于灰缝中，埋置长度应符合设计要求，竖向位置偏差不应超过一皮高度	观察和用尺量检查	每检验批抽查不应少于5处
	错缝搭砌	砌筑填充墙时应错缝搭砌，蒸压加气混凝土砌块搭砌长度应不小于砌块长度的1/3；轻骨料混凝土小型空心砌块搭砌长度应不小于90mm；竖向通缝应不大于2皮	观察检查	每检验批抽查不应少于5处
	填充墙灰缝	填充墙的水平灰缝厚度和竖向灰缝宽度应正确，烧结空心砖、轻集料混凝土小型空心砌块砌体的灰缝应为8～12mm；蒸压加气混凝土砌块砌体当采用水泥砂浆、水泥混合砂浆或蒸压加气混凝土砌块砌筑砂浆时，水平灰缝厚度和竖向灰缝宽度不应超过15mm；当蒸压加气混凝土砌块砌体采用蒸压加气混凝土砌块粘结砂浆时，水平灰缝厚度和竖向灰缝宽度宜为3～4mm	水平灰缝厚度用尺量5皮小砌块的高度折算；竖向灰缝宽度用尺量2m砌体长度折算	每检验批抽查不应少于5处

正常一次性抽样的判定　　　　附表 6-2

样本容量	合格判定数	不合格判定数	样本容量	合格判定数	不合格判定数
5	0	1	20	2	3
8	1	2	32	3	4
13	1	2	50	5	6

正常二次性抽样的判定　　　　附表 6-3

抽样次数与样本容量	合格判定数	不合格判定数	抽样次数与样本容量	合格判定数	不合格判定数
(1) -5 (2) -10	0 1	2 2	(1) -20 (2) -40	1 3	3 4
(1) -8 (2) -16	0 1	2 2	(1) -32 (2) -64	2 6	5 7
(1) -13 (2) -26	0 3	3 4	(1) -50 (2) -100	3 9	6 10

注：本表应用参照现行国家标准《建筑结构检测技术标准》GB/T 50344—2004 第 3.3.14 条条文说明。

填充墙砌体植筋锚固力检测记录　　　　附表 6-4

共　页　　第　页

<table>
<tr><td>工程名称</td><td></td><td>分项工程名称</td><td></td><td rowspan="2">植筋日期</td><td rowspan="2"></td></tr>
<tr><td>施工单位</td><td></td><td>项目经理</td><td></td></tr>
<tr><td>分包单位</td><td></td><td>施工班组组长</td><td></td><td rowspan="2">检测日期</td><td rowspan="2"></td></tr>
<tr><td>检测执行标准及编号</td><td colspan="3"></td></tr>
</table>

<table>
<tr><td rowspan="2">试件编号</td><td rowspan="2">实测荷载
(kN)</td><td colspan="2">检测部位</td><td colspan="2">检测结果</td></tr>
<tr><td>轴线</td><td>层</td><td>完好</td><td>不符合要求情况</td></tr>
<tr><td></td><td></td><td></td><td></td><td></td><td></td></tr>
<tr><td></td><td></td><td></td><td></td><td></td><td></td></tr>
<tr><td></td><td></td><td></td><td></td><td></td><td></td></tr>
<tr><td></td><td></td><td></td><td></td><td></td><td></td></tr>
<tr><td></td><td></td><td></td><td></td><td></td><td></td></tr>
</table>

续表

监理（建设）单位验收结论	
备　　注	1. 植筋埋置深度（设计）：　mm 2. 设备型号： 3. 基材混凝土设计强度等级（C　）为： 4. 锚固钢筋拉拔承载力检验值：6.0kN

复核：　　　　检测：　　　　记录：

检验批抽检锚固钢筋样本最小容量　　附表 6-5

检验批的容量	样本最小容量	检验批的容量	样本最小容量
≤90	5	281～500	20
91～150	8	501～1200	32
151～280	13	1201～3200	50

填充墙砌体尺寸、位置的允许偏差及检验方法　附表 6-6

项次	项目		允许偏差（mm）	检验方法
1	轴线位移		10	用尺检查
2	垂直度（每层）	≤3m	5	用 2m 托线板或吊线、尺检查
		>3m	10	
3	表面平整度		8	用 2m 靠尺和楔形塞尺检查
4	门窗洞口高、宽（后塞口）		±10	用尺检查
5	外墙上、下窗口偏移		20	用经纬仪或吊线检查

填充墙砌体的砂浆饱满度及检验方法　　附表 6-7

砌体分类	灰缝	饱满度及要求	检验方法
空心砖砌体	水平	≥80%	采用百格网检查块体底面或侧面砂浆的粘结痕迹面积
	垂直	填满砂浆，不得有透明缝、瞎缝、假缝	
蒸压加气混凝土砌块、轻集料混凝土小型空心砌块砌体	水平	≥80%	
	垂直	≥80%	

第7章　砌体工程冬期施工

【禁忌1】砌体工程冬期施工对施工期的界定不正确

【分析】

在建筑工程冬期施工中，冬期的界定是一个十分重要的问题。若冬期施工期规定得太短，或者应采取冬期施工措施时而没有采取，都会导致技术上的失误，造成工程质量事故；若冬期施工期规定得太长，到了没有必要时还采取冬期施工措施，将影响到冬期施工费用问题，增加工程造价，并给施工带来不必要的麻烦。因此，合理确定冬期施工期限是十分必要的。

【措施】

砌体工程施工对冬期是这样界定的：当室外日平均气温连续5d稳定低于5℃时，砌体工程应采取冬期施工措施。冬期施工期限以外，当日最低气温低于0℃时，也应按冬期施工的有关规定执行。这里，“日平均气温连续5d稳定低于5℃”的时间是根据当地历年气象统计资料确定的，也就是说，对于一个地区来说，冬期是一个相对确定的、稳定的时间区间。而“日最低气温低于0℃”是指冬期施工期限以外，施工当时气温突然下降到0℃及以下时，也要执行冬期施工的规定，这是针对我国气候特点对冬期施工作出的补充和完善，这样，既使冬期界定明确，又使冬期施工措施的执行更完整、更全面。

砌体工程冬期施工的界定原则和其他规范的规定也是一致的，混凝土结构工程施工和建筑工程冬期施工规程对冬期的界定也是依据“日平均气温连续5d低于5℃”来确定的。在国际上，美国、德国、加拿大、原苏联等国家以及国际混凝土冬期施工建议中，也是基本以5℃作为冬期施工的规定温度。

砌体工程施工冬期的界定还基于下列几方面的因素：

1. 在自然条件下，水在0℃结冰，使土建工程施工遇到许多困难，甚至无法作业。试验表明，在新拌的混凝土和砂浆中，水结冰温度在0～－2℃，当水结冰后，可能对硬化中的混凝土和砂浆产生冻害，损害其一系列的物理力学性能。另外，试验也表明，当混凝土、砂浆浇砌后，如果气温很低，强度增长也变缓慢。例如，当混凝土在5℃条件下养护28d，其强度只能达到或标养28d强度的60%左右。因此，要使混凝土或砂浆强度有较快的增长，必须采取特殊措施才能满足施工进度的需要，保证施工质量。

2. 冬期施工起讫日期的确定，一般都要用当地的历史气象资料。自然气温确有一定的多变性，但也有一定的规律，在一二十年内变化是不太大的，因此利用10年或20年短期历史统计资料作为界定冬期施工的依据是可行的。根据我国《混凝土结构工程施工质量验收规范》（CB 50204—2002）的规定，对我国三北地区23个大中城市的气温资料的统计分析（见表7-1）发现，日平均气温为5℃时，其最低气温在0～－2℃者居多，而这一温度范围正是新拌制的混凝土或砂浆中水结冰的温度范围，也就是将达冻害的温度。

我国北方地区大中城市气温统计资料 表7-1

序号	城市名称	日平均最高最低温差（℃）	平均气温为5℃时的最低气温（℃）
1	海拉尔	14	-2
2	哈尔滨	12	-1
3	牡丹江	14	-2
4	长春	12	-1
5	沈阳	12	-1
6	大连	10	0
7	丹东	12	-1
8	锡林浩特	16	-3
9	北京	12	-1
10	天津	12	-1
11	济南	12	-1
12	青岛	10	0
13	太原	14	-2
14	郑州	14	-2
15	呼和浩特	14	-2
16	西安	10	0
17	银川	12	-1
18	兰州	10	0
19	酒泉	14	-3
20	格尔木	18	-4
21	乌鲁木齐	10	0
22	伊宁	10	0
23	拉萨	16	-3

3. 连续5d稳定低于5℃是依据气象部门的术语引进。

气象部门对我国的气象研究认为，在气温逐渐降低的季节里，当气温连续5d稳定低于5℃即为真正进入了冬期，气象部门可以提供日平均气温连续5d稳定低于5℃的起讫日期，这样，也便于建筑施工企业的使用。

4. 考虑到我国的气候属于大陆性季风型气候。其特点是，在秋冬和冬春交替季节，时常有西伯利亚寒流袭击，短时间内可能出现气温骤降，降到0℃以下，但寒流过后又可恢复一段正温时间。因此规定出现这种气温突变情况，最低气温低于0℃时也要执行冬期施工的相关措施。

【禁忌2】未满足条件就进行砌体工程冬期施工

【分析】

未满足条件就进行砌体工程冬期施工，会导致施工项目不能顺利进行，影响施工质量和安全。

【措施】

砌体工程冬期施工应满足下列条件才能正式进行施工：

1. 根据工程总进度计划的安排，或者应业主的要求以及工程施工实际的进展状况，拟进行冬期施工的砌体工程项目已列入企业或项目的施工计划。

2. 对拟进行冬期施工的砌体工程项目，通过技术经济分析，已经确定砌体工程的施工部位和主要施工方法。对已确定的施工方法，需要由设计单位对原图进行必要的验算、修改或补充说明的，已由设计单位完成审查工作。

3. 对已列入施工计划并通过审查确认施工方法的拟冬期施工的砌体工程项目，已由企业或项目部编制了完整的冬期施工技术方案，或者在工程项目的综合性冬期施工方案中，已全面反映了砌体工程冬期施工技术方案的要求。冬期施工方案已按企业贯标程序文件或有关规章制度的规定，完成了编制、审核和批准手续，冬期施工技术方案至少应由实施单位的上一级技术负责人审批。

4. 按照冬期施工技术方案的规定，各项冬期施工的资源准备工作已经基本完成，如外加剂、保温材料、施工燃料、热源设备、测温仪器仪表、劳保防寒等。施工现场用水管道保温、搅拌棚等保温已经完成。适应施工方法需要的临时设施已按技术方案要求搭建。

5. 砂浆的施工配合比已由试验部门完成，提交项目部实施。

6. 拟进行砌体工程冬期施工的项目技术负责人，已将砌体工程冬施方法、技术措施、施工安全要求及施工质量标准和控制要求等向有关施工人员进行了技术交底。

【禁忌3】不了解砌体工程冬期施工的主要施工方法

【分析】

砌体工程冬期施工由来已久，施工方法也较多，若不能选择合理的施工方法，则会对施工进度，工程质量造成影响。

【措施】

砌体工程冬期施工由来已久，施工方法也较多，随着建筑施工技术的发展，尤其是外加剂的大量应用，目前，我国砌体工程冬期施工采用的主要施工方法有三种，即外加剂法、冻结法和暖棚法。

外加剂法是指将一定量的防冻剂掺入到砂浆中，利用这种掺有外加剂的砂浆进行砌体工程冬期砌筑施工的方法。砂浆中掺有一定量的防冻外加剂后，能降低砂浆的冰点，使砂浆能够在负温条件下硬化，促进水泥加速水化反应，使砂浆获得一定的早期强度而不受冻结，并在负温条件下保持强度继续增长，达到砂浆抗冻早强的目的。而且可以使砂浆与块材有一定的粘结力，使砌体在受冻前获得一定的强度。在过去的施工实践中和砌体工程施工及验收规范里，称为掺盐砂浆法。掺盐砂浆法具有施工方法简单、货源易于解决、造价低等优点，广为施工单位所采纳。掺盐砂浆法起初使用的是氯化钠单盐，后又有使用氯化钠和氯化钙复盐的，随着施工技术进步，又发展采用无氯盐的以硝酸盐、亚硝酸盐等无机盐为防冻组分的外加剂。现在外加剂的种类越来越多，不仅大量使用以无机盐类为防冻组分的外加剂，而且又有以某些醇类为防冻组分的水溶性有机化合物类外加剂，还有有机化合物与无机盐复合类的防冻剂等，总之，掺外加剂的冬期施工方法应用越来越普遍，外加剂种类越来越多，使用范围也越来越广。

冻结法是以不掺化学外加剂的普通水泥砂浆或水泥混合砂浆进行施工砌筑的一种冬期施工方法。在负温条件下，采用冻结法施工的砌筑砂浆工作状态要经过冻结、融化和硬化三个阶段。其中，第一阶段为冻结阶段，在冻结阶段过程中，砂浆强度最高；第二阶段为解冻阶段，在解冻阶段过程中，砂浆由固态变为塑态，由于砂浆遭冻后强度降低，砂浆与砌体间的粘结力相应减弱，导致砌体在这个期间的稳定性较差，变形和沉降要比常温施工增加 10% ~20%；第三阶段是转入正温硬化阶段，在正温硬化过程中，砂浆强度不断增长，但是最终强度有一定的损失。因此，采用冻结法施工时，砂浆的强度等级应根据实际气温情况适当提高 1 ~2 级。由于冻结法允许砂浆在砌筑后遭受冻结，且在解冻后期强度仍可继续增长，在施工中不掺有化学外加剂，因此对有绝缘、保温、装饰等特殊要求的工程和受力配筋砌体以及不受地震区条件限制的其他工程，均可采用冻结法施工。冻结法对毛石砌体、受较大偏心荷载的结构、受较大动力作用和振动作用的结构以及一些特殊的结构形式和部位的施工不能使用冻结法施工。

暖棚法是利用简单结构和廉价的保温材料，将需要砌筑的工作面临时封闭起来，使砌体在正温条件下砌筑和养护，这种砌体施工方法即称为暖棚法。采用暖棚法施工，块材在砌筑时的温度不应低于+5℃，距离所砌的结构底面0.5m处的棚内温度也不应低于+5℃。暖棚法多用于较寒冷地区的地下工程和基础工程的砌体砌筑。对量小而又必须进行砌筑的部分墙、柱、坑以及由于事故而急需修复的砌筑工程项目、临时加固等小型建筑也可采用暖棚法施工。由于搭暖棚需要消耗大量的材料、人工和能源，因此暖棚法成本高，效率低，一般不宜采用。

【禁忌4】冬期施工中，石灰膏、电石膏等冻结后未经融化就使用

【分析】

冬期施工中，水泥混合砂浆如采用石灰膏、电石膏等作为掺加料，当石灰膏或电石膏遭冻结未经融化而使用时，不仅会在砂浆中存在冻结块，影响使用操作，而且起不到应有的塑化作用，砂浆的和易性等工作性能得不到改善，还会影响砂浆的自身强度。砂浆强度的下降和达不到水泥混合砂浆性能的要求而趋于水泥砂浆性能这两点是降低砌体强度的重要影响因素。

【措施】

为了改善砂浆的保水性、和易性、流动性等技术性能，提高砂浆和块材间的粘结力，从而提高砌体的抗压和抗剪强度，在设计和施工中，常常在水泥砂浆中加入石灰膏、电石膏等无机掺加料而成为水泥混合砂浆。水泥混合砂浆是建筑工程施工中，填充墙砌体工程和主体结构砌体工程施工应用的主要砌筑砂浆类型。水泥混合砂浆的结构性能和工作性能明显优于水泥砂浆。

在《砌体结构设计规范》(GB 50003—2001) 中，在对砌体结构的设计计算指标的选用时，明确规定：当砌体用水泥砂浆砌筑时，其抗压强度设计值要乘以 0.9 的调整系数进行折减；其抗剪强度设计值应乘以 0.8 的调整系数也进行折减。这就是说，采用水泥砂浆砌筑的砌体，其抗压和抗剪强度均比用水泥混合砂浆砌筑的砌体要低。

因此，为了保证砌体的设计强度，保证砌体的施工质量，在冬期施工中，严禁采用冻结的石灰膏、电石膏等掺加料，当遭冻结时，应经融化以后方可使用。这是砌体工程冬期施工强制性条文中关于材料应用方面的强制性的规定，施工中应严格遵守执行。

【禁忌 5】冬期施工中，基础砌体工程施工不满足要求

【分析】

冬期施工中，基础砌体工程施工质量不仅和砌体工程本身的砌筑有关，而且和砌体基础所处的地基的性质和状况也密切相关。

【措施】

我们知道，凡是含水的松散岩石和土体，当其温度处于

0℃或负温时，其中的水分将转变成结晶状态，且胶结松散的固体颗粒而成为冻土。其中，黏性土、粉土、粉砂等土质，在一定的含水率条件下，冻结成冻土时，将产生膨胀作用，形成冻胀力。在《建筑地基基础设计规范》(GB 50007—2002）中，根据地基土天然含水量的大小和冻结期间地下水位低于冻深的最小距离，将地基土划分为不冻胀、弱冻胀、冻胀、强冻胀和特强冻胀五类。同时，对基础的最小埋置深度和基底下允许残留冻土层厚度作出了相应的规定。

在《砌体工程施工质量验收规范》(GB 50203—2011)中，冬期施工基础砌体工程明确要求：“地基土有冻胀性时，应在未冻的地基上砌筑，并应防止在施工期间和回填土前地基受冻。”

因此，冬期施工砌体工程时，首先要弄清楚和确认基土是否有冻胀性。如果基土无冻胀性，即使基土被冻结，也不会对工程结构产生威胁；如果基土有冻胀性，一般情况下，只允许在未冻胀的地基上砌筑基础，并且要采取措施，防止砌筑过程中或砌筑完成后回填土回填前基土遭受冻害。由于冻结或继续冻结产生的膨胀力或是消冻时出现的变形，可能会危及基础甚至主体结构的安全。

在我国的建筑工程冬期施工实践中，20 世纪 70 年代末期以来，建设者们大胆进行探索和尝试，产生了“浅埋基础”设计施工技术。所谓浅埋基础是指在季节性冻土地区，当基础设计为设置在允许残留冻土层的基础时，在冻土层上施工的基础。浅埋基础设计施工技术，不仅解决了基础超深埋置的矛盾，而且也解决了工期不能等待冻土全部融化的要求。

但是，浅埋基础施工时，需要注意，同一建筑物的基础应坐落在同一类冻胀性土层上，不得坐落在一部分有冻土层而另一部分无冻土层的地基上，或者冻胀性类别不一致的地基上，这就要求加强基础砌筑前的地基验槽工作。施工中，同一建筑物各部位的基槽开挖应同时进行，并应在基槽四角及中间部位挖坑检查记录残留冻土层厚度，保证残留冻土层厚度符合设计要求。同时还应注意，各部位基础砌筑施工应同时进行，不得在同一建筑中一部分基础进行施工，另一部分基础未施工而使地基遭暴露晾晒，或者加深冻结。基础施工完毕，应及时回填基侧土。基础施工中，基土也不得被水或融化雪水浸泡。上述各项要求，均是从保持预留冻土层厚度一致和冻土均一融化沉降的要求出发而提出的。

【禁忌6】砌体冬期施工时，砖块浇水或湿润不当

【分析】

砖砌体施工时，保持块材合适的含水率十分重要。烧结普通砖、烧结多孔砖、蒸压灰砂砖、蒸压粉煤灰砖、烧结空心砖、吸水率较大的轻集料混凝土小型空心砌块的湿润程度对砌体强度的影响较大，特别对抗剪强度的影响更为明显。为了保持砖的含水率在合适的程度，对砖提前进行浇水湿润是人们的施工常识。

【措施】

在冬期施工中，当气温低于0℃时，如给砖浇水会产生冻结或在砖表面有可能立即结成冰薄膜，既会降低和砂浆的粘结强度，也会给施工操作带来诸多不便，不利于施工。因此，在气温低于、等于0℃条件下砌筑时，不宜对砖浇水。但是，在整个冬期中，有些地区有些时候，夜晚温度低于

0℃，而白天气温却高于0℃，或白天的某一段时间气温高于0℃，在这种情况下砌筑砖砌体时，对砖适当浇水湿润是适宜的，也是必要的。因此，《砌体工程施工质量验收规范》（GB 50203—2011）规定，在冬期施工中，烧结普通砖、烧结多孔砖、蒸压灰砂砖、蒸压粉煤灰砖、烧结空心砖、吸水率较大的轻集料混凝土小型空心砌块在气温高于0℃条件下砌筑时，应浇水湿润。此时，浇水湿润的程度宜比常温施工要求低一些，且宜在正温时随湿润随砌筑使用。

当气温低于0℃时，浇砖已不可行，但并不意味此时砌筑砖砌体时，砖不再吸收水分。因此，为了尽可能解决砖吸水给砂浆凝结和粘结带来的问题，施工质量验收规范规定，在气温低于、等于0℃条件下砌筑时，可不浇水，但必须增大砂浆稠度。这一规定的目的是试图通过增加砂浆中的水分来弥补砌筑后砖对砂浆水分的吸收，尽量保持砂浆的凝结硬化条件和粘结性能。

抗震设防烈度为9度地区的建筑物，对砌体的抗剪强度和整体性能要求很高，虽然只是少数地区，但尚有冬期施工，因此规范规定，抗震设防烈度为9度的建筑物，当烧结普通砖、烧结多孔砖和蒸压粉煤灰砖、烧结空心砖无法浇水湿润时，如无特殊措施，不得砌筑。

【禁忌7】冬期施工砌筑砂浆制备不满足要求

【分析】

在冬期施工中，砌筑砂浆的制备应充分考虑环境温度的影响，结合所用原材料的特性，采取各种措施，保证配合比的正确执行和原材料特性的充分发挥，尽可能提高拌制砂浆的出机温度，保证砂浆的使用温度。

【措施】

冬期施工砌筑砂浆制备应认真执行下列一些要求：

1. 根据冬期砌筑工程不同施工方法和环境温度对砌筑砂浆使用温度的要求，对砂浆进行热工计算，在进行热工计算时，既要考虑原材料的初始温度，又要考虑砂浆在拌制、运输、存放过程中的温度降低，还要考虑砌筑时的温度降低。根据热工计算的结果，确定水和砂的加热温度，并测定砂浆的使用温度和出机温度，根据测试结果再进行调整。按照调整的加热温度对水或对水和砂同时进行加热，采用加热后的水和砂来拌制砂浆。

冬期施工加热水拌制砂浆是最容易而且最经济有效的方法，由于水的热容量是砂子热容量的 5 倍，也就是说，1kg 水提高 1℃所获得的热量相当于 1kg 砂子提高 5℃所获得的热量，热容量高，其温度降低的速度也就慢。而砂子不仅热容量低，而且加热也相对比较困难。因此，冬期施工拌制砂浆一般情况下均是采用加热水的方法。

根据《砌体工程施工质量验收规范》(GB 50203—2011) 和《建筑工程冬期施工规程》(JGJ 104—2011) 的规定，冬期施工拌合砂浆时，水的温度不得超过 80℃，砂的温度不得超过 40℃，这是为了避免砂浆拌合时因砂和水过热造成水泥假凝而影响施工。

2. 拌合砂浆时宜采用两步投料法。所谓“两步投料法”即在拌制砂浆时，先将加热的水和砂子投入搅拌机内拌合，将水的热量传递给砂一部分，然后第二步再投放水泥等，这样既可避免水泥和过热的水直接接触产生假凝，又可以保持砂浆温度比较均匀。

3. 冬期施工中，当砂浆中同时掺有氯盐和微沫剂时，应先加氯盐溶液后加微沫剂溶液。由于微沫剂加入灰浆后，能产生无数微小均匀各自分散互不串通的小气泡，附着在水泥和砂子表面，在砂中起到润滑作用，易搅拌均匀，使搅拌时省力，使砂浆具有良好的和易性，且能起到一定的抗冻效果。但是，氯盐溶液对微沫剂有消泡作用，如果先加微沫剂溶液，然后再加氯盐溶液，就会降低微沫剂的效能。

4. 外加剂溶液应设专人配制，并应先配制成规定浓度溶液置于专用容器中，然后再按规定加入搅拌机中拌制成所需的砂浆。随着环境温度的不同，外加剂的掺量也有所不同，当采用氯盐配制砂浆时，氯盐掺量应严格按设计要求控制。砂浆中如果氯盐掺量太多，砂浆的后期强度会显著下降，析盐现象严重，也降低砌体的保温性能，影响装饰效果；掺量过少，则防冻效果不佳，多余的水分会结冻，达不到预期效果。

如果外加防冻剂为粉状材料，能配制成溶液的宜配制成溶液；不宜配制成溶液的，应采用定量小包装办法，使用前，根据配合比设计，提前称量单盘包装使用。

【禁忌8】冬期砌体采用暖棚法施工时，棚内养护时间不当

【分析】

砌体在暖棚内的养护时间，关系到砌体工程冬期施工的施工成本。养护时间越长，棚内温度越高，砌体强度增长越快，而施工成本也就越高；如果养护时间短，棚内温度低，砌体强度增长就慢，很可能拆除暖棚时，砌体砂浆还不能达到允许受冻的临界强度值，引起后期强度的损失，虽说施工成本相对低一些，但总体效果还是不好的。

【措施】

冬期砌体采用暖棚法施工，其实质是在冬期施工中气候环境比较恶劣的条件下，人为地创造一个近乎于常温条件的施工和养护环境，砌体在暖棚内按施工工艺和养护方法进行砌筑和养护。在养护一定的时间后，拆除暖棚转入自然养护。

砌体在暖棚内强度的增长，不仅和砂浆的强度等级有关，而且和暖棚内的养护温度也密切相关。砌体在暖棚内养护时间的长短，取决于砂浆达到允许受冻临界强度值的时间。砂浆允许受冻临界强度值一般为砂浆强度等级的30%，达到该值后再拆除暖棚时，遇到负温度也不会引起强度损失。

合理地确定砌体在暖棚内的最少养护时间是必要的，这个最少养护时间应该是技术上可行的，而施工成本又是经济的。

砌体在暖棚内的最少养护时间是根据砂浆强度等级和养护温度与强度增长之间的关系确定。对于未掺盐的砂浆，暖棚法砌体的最少养护时间应按表7-2确定。

暖棚法砌体的养护时间 **表7-2**

暖棚的温度（℃）	5	10	15	20
养护时间（d）	≥6	≥5	≥4	≥3

在冬期砌体工程施工中，如果施工要求强度有较快增长，可以延长养护时间，或提高棚内养护温度以满足施工进度的需要。

参考文献

1. GB 50003—2001 砌体结构设计规范 [S]. 北京：中国建筑工业出版社，2002.
2. GB 50011—2010 建筑抗震设计规范 [S]. 北京：中国建筑工业出版社，2010.
3. GB 50203—2011 砌体工程施工质量验收规范 [S]. 北京：中国建筑工业出版社，2011.
4. GB 50204—2002 混凝土结构工程施工质量验收规范 [S]. 北京：中国建筑工业出版社，2002.
5. GB/T 50315—2000 砌体工程现场检测技术标准 [S]. 北京：中国建筑工业出版社，2000.
6. GBJ 129—1990 砌体基本力学性能试验方法标准 [S]. 北京：中国建筑工业出版社，1991.
7. JGJ/T 14—2004 混凝土小型空心砌块建筑技术规程 [S]. 北京：中国建筑工业出版社，2004.
8. JGJ 63—2006 混凝土用水标准 [S]. 北京：中国建筑工业出版社，2006.
9. JGJ/T 70—2009 建筑砂浆基本性能试验方法标准 [S]. 北京：中国建筑工业出版社，2009.
10. JGJ/T 98—2010 砌筑砂浆配合比设计规程 [S]. 北京：中国建筑工业出版社，2011.
11. JGJ/T 104—2011 建筑工程冬期施工规程 [S]. 北京：中国建筑工业出版社，2011
12. JGJ 137—2001 多孔砖砌体结构技术规范 [S]. 北京：中国建筑工业出版社，2002.

13. 孙惠镐等．小砌块建筑块设计与施工［M］．北京：中国建筑工业出版社，1999.
14. 陈福广．新型墙体材料手册（第二版）［M］．北京：中国建筑工业出版社，2011.
15. 王宗昌．建筑工程施工质量问答［M］．北京：中国建筑工业出版社，2000.